TINA HORN | DANIELA JELINEK

MIT
11 KOMMANDOS
LEICHT DURCH DEN ALLTAG

TINA HORN | DANIELA JELINEK

MIT
11 KOMMANDOS
LEICHT DURCH DEN ALLTAG

Das Prinzip der 11 Kommandos

11 Kommandos trainieren

11 Kommandos für jeden Tag

Anhang

DAS PRINZIP DER 11 KOMMANDOS

Freiraum genießen und sich trotzdem
sehr nah sein – mit den 11 Kommandos
ist das ganz einfach. Damit Sie und Ihr
Hund sich aufeinander verlassen können.

HEUTE SO UND MORGEN NICHT ANDERS

Hunde bereichern unser Leben, nicht nur mit Haaren, Dreck und Spaziergängen bei strömendem Regen. Sie sind uns treue und zuverlässige Begleiter, verbessern unsere Gesundheit und geben uns Sicherheit und Selbstvertrauen. Allein ihre Anwesenheit macht uns Menschen zufrieden und glücklich. Da ist es kein Wunder, dass so viele Zweibeiner gerne die Verantwortung für einen vierbeinigen Freund übernehmen. Und es macht keinen Unterschied, ob er groß oder klein, kurz- oder langhaarig, ein Jagd- oder ein Hütehund ist. Wer einmal einen Hund an seiner Seite hatte, wird auf diese Erfahrung nicht mehr verzichten möchten. Deshalb leben auch

immer mehr Hunde in unseren Haushalten und man trifft sie überall, egal, ob in der Stadt oder auf dem Land. Gleichzeitig werden die Anforderungen an die tierischen Begleiter immer höher: Sie müssen sich im Restaurant gut benehmen, mit Herrchen oder Frauchen den Weg ins Büro per U-Bahn gelassen hinnehmen und stets angenehme und freudige Freizeitbegleiter sein. Es wird von ihnen erwartet, alleine zu Hause oder im Auto so lange ruhig zu warten, wie es der Mensch von ihnen verlangt. Zudem sollen sie gut sozialisiert auf Artgenossen reagieren und dürfen Nachbars Katze ebenso wenig jagen wie den wilden Hasen draußen auf der Wiese.

Ein Team werden

Die vierbeinigen Gefährten sollen sich sicher und ausgeglichen in ihrer Umgebung bewegen und für niemanden eine Gefahr darstellen. Daher sind alle Hundehalter angehalten, ihre Hunde so zu führen, dass sich die anderen Menschen in ihrer Nähe wohl und nicht belästigt fühlen. Andererseits sind sie aber natürlich auch für ihre Hunde verantwortlich: Dafür, dass sie je nach Rasse ihren Bedürfnissen entsprechend leben dürfen, dass sie genug Auslauf haben, toben und spielen können, dass sie sinnvolle Beschäftigung erhalten und trotz allen Anforderungen einfach Hund sein dürfen. Das ist keine leichte Aufgabe. Aber es ist eine Aufgabe, die viel Freude macht und die von jedem Hundehalter mit etwas Einsatz bewältigt werden kann.

Konsequent anleiten

Jeder wünscht sich seinen Hund als Freund und zuverlässigen Begleiter, in dessen Gesellschaft er auch bei seinen Mitmenschen gern gesehen ist. Deshalb übernimmt der Mensch die Rolle des Rudelführers und erzieht seinen Hund. Um ihm das zuverlässige Ausführen Ihrer Kommandos

zu ermöglichen, müssen Sie sich ihm gegenüber eindeutig und konsequent verhalten. Konsequente Hundeerziehung heißt aber nicht, dem Vierbeiner gegenüber rüde oder ruppig zu sein, laut zu werden und schon gar nicht, die körperliche Überlegenheit ins Spiel zu bringen. Gewalt gegen ein Tier kommt nicht in Frage. Ihr Hund soll Sie nicht fürchten, sondern er soll Sie respektieren und aus Freude mit Ihnen arbeiten – dann sind Sie ein gutes und erfolgreiches Team.

Gemeinsam lernen

Mit diesem Buch möchten wir – Tina Horn und Daniela Jelinek – Ihnen helfen zu verstehen, wie Ihr Hund arbeitet und lernt und was er für ein glückliches Hundeleben braucht. Wir zeigen Ihnen, wie Sie sich mit den 11 Kommandos in jeder Situation eindeutig und konsequent verhalten können, dabei aber gerecht und freundlich bleiben. Diese 11 Kommandos sind leicht zu erlernende Grundkommandos, die das alltägliche Zusammenleben erst ermöglichen. Die Übungsmethode ist nachvollziehbar und die einzelnen Übungen sind übersichtlich und Schritt für Schritt aufgebaut. Das gemeinsame Spiel ist dabei ebenso wichtig wie die Arbeit. Sie und Ihr Hund lernen miteinander und voneinander und erhalten so eine Ausbildung, die sie zu einem guten Team im Alltag macht. Mit den 11 Grundkommandos geben Sie Ihrem Hund so viele Freiheiten wie möglich, setzen aber auch so viele Grenzen wie nötig. Die Kommandos reichen für ein angenehmes und sicheres Miteinander völlig aus, sind aber auch ein guter Grundstock, um erfolgreich an weiteren Kommandos oder Kunststücken zu arbeiten, in den Hundesport oder andere Beschäftigungsmöglichkeiten einzusteigen. Im Vordergrund unserer Arbeitsmethode steht nicht Leistungsdruck, sondern die Freude am gemeinsamen Arbeiten und Spielen. Sie und Ihr Hund sollen viel Spaß haben.

Eine liebevolle und konsequente Erziehung macht aus jedem Frechdachs einen zuverlässigen Begleiter.

Bin ich konsequent?

Was ist nun überhaupt eine konsequente Hundeerziehung? Was bedeutet es, sich im Alltag dem Vierbeiner gegenüber stets konsequent zu verhalten? Nun, ganz einfach gesagt, heißt es, dass verbindliche Regeln gelten. Sowohl für Ihren Hund als auch für Sie. Und diese Regeln gelten immer. Denn ein Hund kann zwar Regeln kennen und verstehen lernen und sein Verhalten danach rich-

TESTEN SIE IHRE KONSEQUENZ

Unsere eigene, alltägliche Inkonsequenz bemerken wir meist gar nicht oder wollen sie nicht wahrhaben. Mit einem Spielchen machen Sie sich das ganz leicht bewusst: Bitten Sie ein Familienmitglied oder einen Kollegen, sich einige Zeit ganz aufmerksam gegenseitig zu beobachten. Schreiben Sie dann all die kleinen Inkonsequenzen auf, die Sie am anderen bemerken. Isst die Freundin tatsächlich nur ein Stückchen Schokolade? Kommt Ihr Partner wie angekündigt wirklich gleich zu Ihnen, wenn Sie zum Essen rufen? Dann vergleichen Sie Ihre Listen. Es gibt sicher viel zum Lachen.

ten. Doch er kann mit dem Sprichwort »Ausnahmen bestätigen die Regel« nichts anfangen. Es ist für ihn daher nicht nachvollziehbar, wenn Sie in manchen Situationen darauf bestehen, dass er ein Kommando exakt ausführt, es in anderen Situationen aber damit nicht so genau nehmen. Das verwirrt ihn und er weiß dann nicht mehr, welche Regel für ihn verbindlich ist. Doch ver-

bindliche Regeln helfen Ihrem Hund, sich Ihren Wünschen entsprechend zu verhalten und Missverständnissen vorzubeugen.

Konsequenz: Beispiel »Platz!«

Ihr Hund lernt in der Hundeschule eine perfekte Platzablage. Ihre Regel lautet: »Wenn ich das Kommando »Platz!« sage, dann legst du dich hin und stehst erst wieder auf, wenn ich dir das mit »Okay« erlaube.« Wie aber sieht es mit dieser Regel im Alltag aus? Welches Verhalten wünschen Sie dann von Ihrem Hund, wenn Sie »Platz!« sagen? Soll er sich tatsächlich jedes Mal hinlegen und erst dann wieder aufstehen, wenn Sie es ihm erlauben? Kann Ihr Hund überhaupt in jeder Situation ein korrektes »Platz!« umsetzen? Und sind Sie selbst immer in der Lage, sein Verhalten zu kontrollieren und gegebenenfalls zu korrigieren? Dazu drei Beispiele:

Der Handwerker ist da

Am Vormittag kommt ein Handwerker zu Ihnen. Der Herr hat Angst vor Hunden. Da Sie möchten, dass er sich wohlfühlt und in Ruhe arbeiten kann, legen Sie Ihren Hund mit »Platz!« auf seinen Liegeplatz. Sie möchten, dass er genau dort liegen bleibt, nicht selbstständig aufsteht und sich schon gar nicht dem Handwerker nähert. Ihnen ist sein korrektes Verhalten wichtig, also werden Sie Ihren Hund kontrollieren und wenn nötig auch korrigieren. Steht er von alleine auf, legen Sie ihn erneut an genau dieselbe Stelle hin. Der Handwerker geht nach zehn Minuten. Sie lösen mit einem «Okay» auf, und Ihr Hund verlässt jetzt seinen Platz. Sie waren konsequent, so wie Sie es in der Hundeschule gelernt haben.

Bleibt der Mensch immer freundlich und gelassen, lernt der Vierbeiner gerne neue Kommandos.

Beim Tierarzt

Anschließend gehen Sie mit Ihrem Hund zum Tierarzt und legen ihn im Wartezimmer vor Ihren Füßen ins »Platz!«. Da Sie wissen, dass er dort Stress empfindet, darf er immer wieder aufstehen und sich an anderer Stelle erneut hinlegen. In dieser Situation können Sie ein zuverlässiges Arbeiten nicht erwarten, auch ein sinnvolles Korrigieren ist kaum möglich. Sie leiden mit Ihrem Hund, bestehen nicht auf Ihrem Kommando und sind bewusst inkonsequent.

Mit Freunden im Café

Am Nachmittag gehen Sie mit Freunden in ein Café. Sie möchten ungestört Ihren Kuchen essen und sich unterhalten. Ihren Hund legen Sie unter den Tisch ins Platz. Solange er nicht stört, ist es Ihnen egal, ob er kurz aufsteht, um sich hinzusetzen oder sich an einer anderen Stelle erneut hinzulegen. Er kann sich bewegen, solange er unter dem Tisch oder der Bank bleibt. Sie kontrollieren und korrigieren ihn nicht. Und vor lauter Plaudern fällt Ihnen gar nicht auf, dass Sie sich inkonsequent verhalten.

Das flexible Kommando

Drei Situationen, drei Verhaltensweisen, aber nur ein Kommando. Woher soll Ihr Hund wissen, was Sie von ihm in welcher Situation genau erwarten? Vielleicht kann er Ihren Wunsch sogar ignorieren und sich eine andere Beschäftigung suchen? Wenn Sie gegenüber Ihrem Hund inkonsequent sind, dann provozieren Sie ihn geradezu, Ihre Autorität in Frage zu stellen. Denn was ist von einem Rudelchef zu halten, der sich an keine Regeln hält? Und der womöglich auch noch schimpft, wenn der Hund sich sein Verhalten selbst aussucht? Souverän und vertrauensvoll wirkt das nicht. Die 11 Kommandos erlauben Ihnen, in jeder Situation konsequent zu sein, denn sie sind flexibel. Und Sie können Ihrem Hund genau sagen, wie viel Spielraum er hat.

Der Trick mit der Konsequenz

Damit Ihr Hund sich an Ihre Regeln halten kann, ist es wichtig, dass Sie sich immer eindeutig und konsequent verhalten. Einmal aufgestellte Regeln fordern Sie dabei nicht nur von Ihrem Hund ein, denn Sie sind das beste Vorbild, indem Sie sich selbst an Ihr Regelwerk halten – nicht heute so und morgen ganz anders. Ein »Platz!« ist ein

»Platz!«, auch wenn es Ihnen gerade gar nicht so wichtig ist, ob er es korrekt befolgt, oder Sie zu abgelenkt sind, um die richtige Ausführung des Kommandos zu überwachen und gegebenenfalls zu korrigieren, haben Sie die Regel aus der Sicht Ihres Hundes gebrochen. Und wenn sie für Sie nicht gilt, warum soll sie dann für ihn gelten?

Pause! Solange Frauchen seinen Kaffee genießt, gibt's für den Vierbeiner nicht viel zu tun.

»Platz!«. Dazu gehört auch, dass Sie das Kommando mit einem »Okay« wieder auflösen und Ihrem Hund dadurch signalisieren, dass er aufstehen darf. Im Gegenzug erwarten Sie von ihm, dass er sich bei jedem »Platz!« hinlegt und liegen bleibt, bis Sie das Aufstehen gestatten.

Die Tücken des Alltags

So lernt Ihr vierbeiniger Freund, dass sein Verhalten auch immer die gleiche Reaktion des Menschen hervorruft. Hält er sich an die Regel, wird er gelobt und belohnt. Hält er sich nicht daran, wird er korrigiert. Sagen Sie allerdings

Fehler sind vorprogrammiert

Es ist dann nur eine Frage der Zeit, bis Ihr Hund Sie und Ihre Kommandos ignoriert. Zu Hause finden Sie das vielleicht noch nicht mal schlimm. Da lässt sich beispielsweise das Problem mit dem Handwerker ganz einfach lösen, indem Sie den Hund für zehn Minuten in ein anderes Zimmer sperren. Auch beim Tierarzt ist es nicht peinlich, wenn der Hund nicht hört. Schließlich haben alle Anwesenden dort großes Verständnis, denn bei ihnen läuft es nicht viel besser. Und im Café geht's schon irgendwie. Denn irgendwann legt sich der Hund hin und schläft. In allen drei Situationen fällt es also gar nicht weiter auf, dass er nicht richtig gehorcht. Was aber, wenn Sie Ihrem Hund in einer Notsituation das Kommando »Platz!« auf dem Gehsteig neben einer stark befahrenen Straße geben müssen? Stellen Sie sich vor, ein Kind ist schwer vom Fahrrad gestürzt und Sie wollen helfen. Können Sie ihn dann ins Platz legen und darauf vertrauen, dass er liegen bleibt und nicht auf die Straße rennt? Auch, wenn gegenüber eine Katze läuft? Nein, können Sie nicht. Denn durch die Inkonsequenz im Alltag gehorcht er nicht zuverlässig und das Vertrauen in ihn wurde verspielt. Der Hund hat keine Schuld daran. Er hat gelernt, dass das Kommando »Platz!« ganz unterschiedliche Interpretationen zulässt, es Ihnen nicht immer wichtig ist und er es nicht immer befolgen muss.

Wo liegt der Fehler?

Jetzt aber ehrlich: Können Sie sich vorstellen, immer konsequent zu sein? Ein ganzes Hunde- leben lang? Und wollen Sie das überhaupt? Wir nicht. Wir sind wie alle anderen auch vergess- lich, manchmal einfach zu faul, oft abgelenkt und beachten unseren Hund dann nicht. Meist bemerken wir gar nicht, dass wir uns ihm gegen- über inkonsequent verhalten. Hunde brauchen Konsequenz. Wir können aber nicht immer kon- sequent sein. Und nun? Keinen Hund halten? Kommt ja gar nicht in Frage! Doch wo liegt der Fehler? Am Hund liegt es nicht. Am Menschen schon eher, doch er kann nicht aus seiner Haut. Was bleibt dann? Das Kommando. In der Hun- deschule hat der Hund gelernt, sich auf »Platz!« so lange hinzulegen, bis er mit »Okay« wieder aufstehen darf. War »Platz!« dann tatsächlich in allen drei Beispielen das richtige Kommando?

Mit dem Handwerker: Der Hund wurde kont- rolliert und korrigiert. Deswegen hat er gemerkt, dass es ernst war. »Platz!« ist in diesem Fall das richtige Kommando.

Beim Tierarzt: Nach mehrmaliger Korrektur wurde nachgegeben und der Hund durfte trotz des Kommandos selbstständig aufstehen. »Platz!« ist hier definitiv nicht das richtige Kommando.

Im Café: Der Halter war abgelenkt und hat nicht kontrolliert, ob der Hund liegt oder aufsteht. Auch dann ist »Platz!« das falsche Kommando.

Die Lösung

Spielen Sie das Ganze mit »Sitz!« durch. Ändert sich dann was? Nein, denn ob der Hund nicht zuverlässig liegen oder sitzen bleibt, ist egal. Sie können sich auch mit einem »Sitz!« nicht kon- sequent verhalten. Also brauchen Sie Komman- dos, die zur jeweiligen Situation passen und dem Hund korrektes, zuverlässiges Arbeiten ermög- lichen. Und die Ihnen erlauben, ihm gegenüber stets konsequent und eindeutig zu sein.

Nur wenige Hunde sind beim Tierarzt ausgeglichen.

Geschlossene Kommandos: »Sitz!«, »Platz!«, »Hier!« und »Fuß!« sind die klassischen Kom- mandos, die die meisten Hundehalter lernen. Auch wir verwenden sie. Konsequent und ein- deutig. Wir geben diese Kommandos, verlangen zuverlässiges Arbeiten und lösen die Komman- dos mit »Okay« wieder auf. Deshalb bezeich- nen wir sie als »geschlossene Kommandos«. Wir geben sie ganz bewusst und konzentriert. Aller- dings nur dann, wenn es uns wirklich wichtig ist, dass unsere Hunde sie ganz genau ausführen.

Offene Kommandos: In allen anderen Situa- tionen geben wir die Kommandos »Setz dich!«, »Leg dich!«, »Zu mir!« und »Bei mir!«. Wir nen- nen sie die »offenen Kommandos«, weil wir sie nicht auflösen. Dies darf der Hund selbst. Im Café wird er mit »Leg dich!« unter den Tisch gelegt. Er weiß, dass er sich hinlegen soll, und macht das auch. Ob und wann er aufsteht, kont- rollieren wir nicht – und sind doch konsequent. Denn wir haben ein eindeutiges Kommando gegeben: »Leg dich!« Mehr nicht. Wie einfach es ist, sich im Alltag stets konsequent einem Hund gegenüber zu verhalten, wenn Sie neben den geschlossenen auch offene Kommandos verwen- den, wollen wir Ihnen in diesem Buch zeigen.

Klare Regeln sind wichtig. Auch eigensinnige Terrier fügen sich dann gerne ins Familienrudel ein.

Der Hund in der Familie

Konsequenz im Alltag vermitteln Sie Ihrem vierbeinigen Freund nicht nur mit Ihren Kommandos. Auch mit Ihrem Verhalten sowie Ihrer Rudel- bzw. Ihrer Familienstruktur geben Sie ihm Regeln und eine Ordnung vor, in die er sich eingliedern soll. Denn auch hier ist von Anfang an Konsequenz gefragt. Regeln, die Sie aufstellen, müssen auch von Ihnen eingehalten werden, damit der Hund sie als solche erkennt und akzeptiert. Haben Sie entschieden, dass Ihr Hund nicht in die Küche darf, dann darf er nicht in die Küche: Bei Ihnen nicht, nicht bei Ihrem Partner und auch bei keinem anderen Familienmitglied. Bleibt der Vierbeiner brav vor der Küche, wird er gelobt und belohnt. Versucht er, in die Küche zu gelangen, wird er freundlich, aber bestimmt mit einem »Nein!« zu seinem Platz gebracht. Zeigen alle Familienmitglieder die gleiche Reaktion auf das Verhalten des Hundes, dann weiß er: »Es gibt

eine Regel, die sagt, dass ich nicht in die Küche darf.« Besteht nur ein Familienmitglied darauf, dass der Hund nicht in die Küche darf, aber alle anderen gestatten es ihm, wird der Hund selbstverständlich immer in die Küche wollen. Denn es gilt ja keine verbindliche Regel. Um das zu vermeiden, ist es immer sinnvoll, Hausregeln aufzustellen, die für alle Familienmitglieder verbindlich sind (→ Seite 130). Und mit dieser klaren Linie wird Ihr Hund auch Ihre 11 Kommandos zuverlässiger umsetzen.

Strukturen geben Sicherheit

Hunde sind soziale Tiere, die Rudelstrukturen kennen und verstehen. Sie wissen, dass es Rudelführer gibt, die alle wichtigen Entscheidungen treffen und so für Sicherheit und Wohlergehen des Rudels sorgen. Zu Beginn ihres Lebens trifft die Hundemutter diese Entscheidungen und von ihr lernen Welpen die ersten Regeln. Dass Rudelchef kein leichter Job ist, ahnen Hunde auch. Deshalb sind die meisten ganz zufrieden, wenn sie nicht selbst die Führung übernehmen müssen, sondern eine klare Position innerhalb des Rudels zugewiesen bekommen, gerne auch am unteren Ende. So lebt es sich viel entspannter. Hunde wissen aber auch, dass ein Rudel nur funktioniert, wenn ein Rudelführer vorhanden ist, der die Rolle tatsächlich vertrauensvoll und zuverlässig ausführt. Dann akzeptieren sie gerne Regeln und befolgen Kommandos.

Die Wirkung des Menschen

Hunde sind gute Beobachter und haben ein feines Gespür dafür, was in ihrem Rudel, also in ihrer Familie, geschieht. Entdeckt ein Vierbeiner Schwächen oder Lücken im Verhalten seines Menschen, wird er diese nutzen, um seine eigenen Vorstellungen durchzusetzen. Und wirkt sein Mensch mangels Konsequenz nicht souverän, übernimmt der Hund oft Führungsaufgaben. Warum soll er auf das Betreten der Küche verzichten, wenn es keine verbindliche Regel gibt? Warum dann nicht auch das Grundstück bewachen und versuchen, Ansprüche auf das Sofa zu erheben? Nimmt der Hund seinen Rudelchef nicht mehr ganz ernst, wird er auch nicht dessen Wünsche und Kommandos umsetzen. So kann aus einem netten, aufgeschlossenen Kerl sehr schnell ein unangenehmer Zeitgenosse werden, der macht, was er will.

Regelkommandos von Anfang an

Meist wird das erst bemerkt, wenn sich in der Rudelstruktur bereits etwas verschoben und der Hund sich mit seinen Ansprüchen schon so richtig breitgemacht hat. Dann stellt der Hundehalter fest, dass er ein Problem hat. Viel Geduld, gute Nerven, Zeit und Arbeit können nötig sein, um den Hund daran zu erinnern, dass nicht er der Chef ist. Er muss von den Qualitäten seines Menschen als Rudelführer überzeugt werden. Schreien, schimpfen oder gar schlagen sind dann keine Zeichen von Souveränität. Fügt ein Hund sich unter solch einem Druck wieder ins Rudel ein, dann weil er Angst hat, nicht, weil er seinen Menschen respektiert. Mit einer vertrauensvollen und harmonischen Mensch-Hund-Beziehung hat das nichts zu tun. Deshalb ist es so wichtig, dass wir uns von Anfang an konsequent verhalten. Wir stellen auch in Haus und Hof klare Regeln auf, die für alle Familienmitglieder gelten. Und um unseren Hunden zu sagen, was wir von ihnen erwarten, und um Fehler zu korrigieren, machen wir sie mit den Regelkommandos »Nein!«, »Pfui!« und »Aus!« vertraut.

Hunde sind perfekte Beobachter. Sie kennen schnell die Stärken und Schwächen ihrer Menschen und wissen dies durchaus zu nutzen.

WENIGER IST MEHR – MIT 11 KOMMANDOS ZUM ERFOLG

Hundeerziehung soll einfach sein, sich gut in den Alltag integrieren lassen und Spaß machen. Das Wichtigste für den Hundehalter und seinen vierbeinigen Freund sind die Freude am Arbeiten und die enge Verbundenheit und Vertrautheit in einem sicheren und entspannten Alltag. Gute Hundeerziehung zeichnet sich einerseits durch konsequentes Verhalten aus, aber ebenso durch eindeutige Kommandos. Mit den 11 Kommandos verbinden Sie alles das miteinander:

1 Das gemeinsame Spielen während des Trainings hilft Ihnen, eine feste Bindung zu Ihrem Hund aufzubauen.

2 Viel Freude beim Training, da die Kommandos aufeinander aufbauen, leicht erlernbar sind und sich schnell Erfolge für Mensch und Hund einstellen.

3 Die 11 Kommandos sind eindeutig – für Sie wie für Ihren Hund. Sie lassen sich im Alltag leicht einsetzen und anwenden. Sie geben Ihnen aber auch die Möglichkeit, im Alltag stets konsequent zu sein.

So lernen Sie und Ihr Vierbeiner nicht für die Hundeschule, sondern für das viele Jahre dauernde, gemeinsame Leben.

Nur 7 Kommandos?

Die gängigen Kommandos, die bei der Hundeerziehung verwendet werden, sind »Sitz!«, »Platz!«, »Hier!« und »Fuß!«. Meist dann auch noch ein »Nein!«, ein »Pfui!« und ein »Aus!«. Hundebesitzer geben meist voller Überzeugung an, dass sie mit diesen sieben Kommandos bestens auskommen. Sie wundern sich sogar oft, wieso wir 11 Kommandos verwenden. Hören oder sehen wir jedoch genauer hin, fällt uns auf, dass diese sieben Kommandos anscheinend doch nicht ausreichend sind. Denn viele Hundebesitzer geben ihren Hunden weitaus mehr Anweisungen.

Beispiel: Wartezimmer

Schauen wir uns noch einmal das Beipiel mit der Tierarztpraxis an, diesmal aber leicht verändert: Ein verunsicherter Hund legt sich auf das Kommando »Platz!« zwar hin, steht aber auch bald wieder auf. Sein Besitzer wiederholt das Kommando, nun ein wenig unfreundlicher und lauter. So, als ob sein Hund ihn beim ersten Mal nicht verstanden hätte – dabei ist das Gehör eines Hundes ausgezeichnet. Der Hund legt sich hin, nur um sofort erneut aufzustehen. Sein Besitzer wird ungehalten und lauter: »Platz, hab' ich gesagt!« Der Hund steht wieder auf. Jetzt wird sein Mensch wütend. Er drückt den Hund rüde mit der Hand zu Boden und sagt scharf: »Bleibst du jetzt endlich liegen!« Nach einer freundlichen und konsequenten Hundeerziehung sieht das nicht aus, sondern eher nach einer Verzweiflungstat. Die Situation ist wie eine Spirale, die sich immer höher dreht. Wo sie endet, ist offen: Entweder bleibt der Hund jetzt liegen, weil er Angst vor weiteren körperlichen Übergriffen hat. Oder er steht erneut auf und sein Mensch gibt klein bei, weil es ihm langsam peinlich wird.

Ob beim Spielen oder Spaziergang: Über ein harmonisches Miteinander freuen sich Mensch und Hund.

Wenn das richtige Kommando fehlt

Was soll der Besitzer denn machen, wenn er nur das Kommando »Platz!« kennt, der Hund dieses aber nicht befolgen kann, weil er Angst und Stress im Wartezimmer fühlt? Im Grunde macht er das einzig Richtige, indem er nach einem weiteren Kommando sucht, um sich seinem Hund verständlich zu machen. Nur hat sein Vierbeiner ein »Bleibst du jetzt endlich liegen!« sicherlich nicht als verbindliches Kommando in der Hundeschule gelernt. Wie soll er es also korrekt ausführen? Und reagiert sein Besitzer wirklich so wütend, nur weil der Hund im Wartezimmer liegen bleiben soll? Was ihn in diesem Moment so ärgert, ist wahrscheinlich nicht die Tatsache, dass der Hund aufsteht. Dafür hat er Verständnis, denn er weiß, dass er Angst hat. Wütend macht ihn, dass der Hund seine Autorität in Frage stellt. Und das vor allen anderen.

Wieso 11 Kommandos besser sind

Was Mensch und Hund in der Tierarztpraxis geholfen hätte, ist ein Kommando, das statt dem »Platz!« erfolgt. Eines, das der Hund auch in dieser für ihn unangenehmen Situation ausführen kann, um die Wünsche seines Menschen zu erfüllen, das ihm in seiner Angst zugleich aber Spielraum lässt. Ein Kommando, das trotz dieses Spielraums für den Hund weder die Konsequenz noch die Autorität des Menschen in Frage stellt. Ein Kommando, bei dem weder Zwei- noch Vierbeiner das Gesicht verlieren und das in der Folge keine Spirale aus Druck und Gegendruck aufbaut – eben ein offenes Kommando.

Alternativen bieten

So wäre ein »Leg dich!« gut gewesen, denn es verlangt vom Hund nur, sich hinzulegen. Er darf selbst entscheiden, wann er wieder aufsteht. Der Mensch gibt ein Kommando, der Hund führt dieses aus. Beide sind zufrieden. Steht der Hund auf und sein Besitzer möchte, dass er sich wieder hinlegt, gibt er das offene Kommando »Leg dich!« erneut. Da er völlig entspannt und zufrieden ist, weil sein Hund beim ersten Mal korrekt gearbeitet hat, kann er es auch jetzt freundlich wiederholen. Steht der im Wartezimmer unruhige Hund wieder auf, nimmt der Mensch Rücksicht auf ihn, dirigiert seinen Kopf mit einem Leckerli zu sich und konzentriert damit den Hund auf sich. Beide sind so entspannt, wie sie es in der Tierarztpraxis eben sein können.

Im Café: Hier bekommt der Hund ein »Leg dich!« Allerdings nicht, um eine entspannte Situation zu schaffen, denn die ist schon entspannt genug. Doch ein »Platz!« wäre hier nicht angebracht, denn der Mensch kann oder will es nicht ständig kontrollieren oder korrigieren.

Oder stellen Sie sich unter einem netten Cafébesuch vor, alle drei Minuten unter den Tisch zu krabbeln und zu schauen, ob Ihr Hund tatsächlich noch an genau der Stelle liegt, an der Sie ihn abgelegt haben? Sicher nicht! Sie möchten sich mit Ihren Freunden unterhalten. Stört der Hund nicht weiter, kann er sitzen, liegen oder stehen, wenn er sich vorher hingelegt hat. Mit dem offenen Kommando sind Sie trotzdem konsequent. Stört er doch, müssen Sie natürlich handeln (→ »Setz dich!« richtig einsetzen, Seite 114).

Wäre gar kein Kommando auch eine sinnvolle Lösung?

Dem Vierbeiner in den beispielhaften Situationen überhaupt kein Kommando zu geben wäre völlig falsch. Es würde ihn noch mehr verunsichern als ein inkonsequentes oder das für ihn zu schwierige Kommando »Platz!«. Ihr Hund will in einer neuen Situation eine Orientierung von Ihnen als Rudelführer erhalten. Was soll er denn machen in der Tierarztpraxis? Die anwesenden Katzen jagen? Er möchte von Ihnen wissen, wie es jetzt hier weitergeht und was seine nächste

Bleibt ein Hund immer zuverlässig in der Nähe seines Menschen, dann heißt es gerne: Leine los!

Aufgabe ist. Ebenso im Café. Auch hier will er eine Information von Ihnen. Mit einem »Leg dich!« signalisieren Sie ihm: »Jetzt ist erst mal Pause. Du kannst dich hinlegen und entspannen. Ich sag dir schon, wenn es weitergeht.«

Offene Kommandos für jede Situation

Im Alltag ist ein offenes »Leg dich!« also oft besser geeignet ist als ein geschlossenes »Platz!«, denn der Hund ist aus unterschiedlichen Gründen nicht immer in der Lage, das Platz-Kommando korrekt auszuführen. Manchmal, besonders wenn es schnell gehen soll, ist ein geschlossenes Kommando auch gar nicht nötig. Wenn Sie Ihren Hund anleinen und dann gleich weitergehen wollen, reicht ein »Setz dich!« völlig aus. Ein »Sitz!« bietet sich dann an, wenn Ihr Hund angeleint sitzen bleiben soll. Und oft ist ein geschlossenes Kommando gar nicht sinnvoll, da Sie es weder kontrollieren noch korrigieren können. Genau für diese verschiedenen Situationen unterscheiden wir die Kommandos und stellen jedem offenen ein geschlossenes gegenüber: »Leg dich!« und »Platz!«; »Setz dich!« und »Sitz!«; »Zu mir!« und »Hier!« sowie »Bei mir!« und »Fuß!«. So machen wir aus vier Kommandos acht. Und alle diese acht Kommandos sind für Mensch und Hund eindeutig und klar zu unterscheiden. Die drei Regelkommandos »Nein!«, »Pfui!« und »Aus!« verwenden wir ebenfalls bei der Erziehung unserer Hunde und werden Ihnen deren konsequente Verwendung später noch genauer erläutern (→ Seite 116).

Immer konsequent sein

Das Prinzip der offenen und geschlossenen Kommandos werden Sie mit den praxisgerechten Übungen im zweiten Kapitel schnell umsetzen können. Denn dann werden Sie erfahren, wie Sie und Ihr Hund diese 11 Kommandos

als Team mit viel Spaß schnell und erfolgreich lernen. Wir werden Ihnen zeigen, wie einfach Sie die 11 Kommandos konsequent im Alltag anwenden können. Sie werden erstaunt sein, wie schnell Ihnen diese Methode in Fleisch und Blut übergeht. Denn Sie werden natürlich nicht vor jedem Kommando überlegen, was genau Sie zu Ihrem Hund sagen sollen. In all den kleinen Alltagssituationen arbeiten Sie überwiegend mit den offenen Kommandos. Die geschlossenen

Ein ausgebildeter Hund liegt neben der Parkbank und wartet geduldig. »Platz!« war das Kommando.

Kommandos sind dann richtig, wenn es Ihnen in diesem Moment wichtig ist, dass Ihr Hund das Kommando korrekt ausführt. Und weil es Ihnen wichtig ist, werden Sie auf eine zuverlässige Durchführung achten und auch nicht vergessen, die geschlossenen Kommandos wieder aufzulösen. Sie werden konsequent sein und Ihrem Hund eindeutige und klare Regeln vorgeben können. Eher ängstliche Hunde erhalten dadurch Sicherheit und werden gelassener. Vierbeinige Draufgänger bekommen klare Vorgaben, was geht und was nicht, und können sich so gut im Rudel einordnen. Sie und Ihr Hund werden ein eingespieltes und vertrautes Team, in dem sich jeder auf den anderen verlassen kann.

So bleiben Sie eindeutig

Jetzt können wir Ihre Fragen fast hören: »Warum diese Unterscheidung in offene und geschlossene Kommandos? Warum nicht einfach nur ein »Platz!« und wenn es wirklich ernst ist, noch ein »Bleib!«? Das wird doch sonst auch so gemacht.

Wo bleibt das »Bleib!«?

Tina Horn verwendet »Bleib!« nicht als Kommando, sondern als Information. So machen Sie es vielleicht auch, wenn Sie das Haus verlassen und den Hund nicht mitnehmen: Beim Anziehen wird der Vierbeiner mit »Platz!« abgelegt und beim Schließen der Tür folgt noch »Bleib! Ich bin gleich wieder da.« Erwarten Sie jetzt wirklich, dass Ihr Hund im Platz liegen bleibt, bis Sie wiederkommen? Sicher nicht. Aber was genau soll er machen, solange er alleine ist: liegen, sitzen, stehen? Nicht von einem Zimmer ins andere gehen? Sie können das Verhalten Ihres Hundes jetzt nicht kontrollieren oder korrigieren. Er darf also machen, was er möchte. Hauptsache, die Türen sind nicht zerkratzt. Kommen Sie zurück, lösen Sie das »Bleib« nicht auf. Wie auch? Sie haben ja kein eindeutiges Kommando gegeben. Doch wie soll der Hund den Unterschied zwischen einem dahergeredeten und einem ernst gemeinten »Bleib!« verstehen? »Bleib!« ist für viele Hunde nicht eindeutig, da es im Alltag noch viel inkonsequenter verwendet wird als die anderen Kommandos. Deshalb sagen wir zu unseren Hunden »Leg dich!«, wenn wir das Haus verlassen. »Platz!« verwenden wir nur, wenn sie tatsächlich liegen bleiben sollen.

Selbst wenn er noch so flehend schaut: Ein Hund muss auch einmal alleine zu Hause bleiben. Dann darf er natürlich auch nicht die Einrichtung zerstören.

Direktes Handeln bringt Erfolg

So wie wir das »Bleib!« nicht als Kommando nutzen, so ignorieren wir unsere Hunde auch nicht, um sie zu erziehen. Denn durch Ignorieren können sie nicht das lernen, was sie lernen sollen. Korrigieren Sie unerwünschtes Verhalten sofort mit einem »Nein!«. Je eher Ihr Racker weiß, welches Verhalten Sie tolerieren und welches nicht, desto eher ist ihr Zusammenleben klar geregelt und es gibt weniger Konflikte. Das bedeutet nun nicht, dass Sie jeden Schritt Ihres Hundes beobachten müssen, um ja keine Gelegenheit zu verpassen, ihn zu korrigieren. Denn das nervt Vier- und Zweibeiner. Steht Ihr Hund an der Terrassentür und will raus, obwohl Sie kurz zuvor eine Stunde mit ihm spazieren gegangen sind, ignorieren Sie sein Verhalten.

Das machen Sie aber nicht aus Gründen, die seiner Erziehung dienen, sondern weil es Sie nicht stört. Soll er doch rausschauen. Sie sprechen ja auch nicht jedes Mal Ihren Partner an, nur weil er oder sie aus dem Fenster sieht.

Was lernt Ihr Hund, wenn Sie ihn ignorieren?

Steht der Hund aber an der Terrassentür und bellt auffordernd, dann stört Sie das sicherlich. Also weisen Sie ihn mit »Nein!« zurecht und schicken ihn auf seinen Platz. Was wäre, wenn Sie Ihren Hund in dieser Situation ignorieren? Was würde er dann lernen? Er lernt ganz sicher, dass Sie geduldig sind und er sich eine Menge herausnehmen kann. Besonders die charakterstarken Hunde nutzen das gerne als kleine Demonstration ihrer Macht: »Mal sehen, wer den längeren Atem hat. Ich mit meinem Gebell oder du mit deiner Geduld?« Dann stellt sich die Frage, wie lange Sie mitspielen wollen: eine Minute, fünf Minuten oder bis sich die Nachbarn beschweren? Dabei kann es passieren, dass der Hundehalter so lange wartet, bis er die Nerven verliert und überzogen reagiert. Das ist dann gar nicht souverän. Geht er hingegen zur Tür und lässt den Hund hinaus, hat er auch verloren und der Punkt geht an den Vierbeiner. Lassen Sie es gar nicht so weit kommen. Als souveräner Rudelchef sagen Sie sofort und deutlich, welches Verhalten Sie nicht tolerieren.

Alternativen bieten statt zu ignorieren

Ignorieren ist auch kein Mittel, um den Hund zu strafen. Denn er kann Ihre dauerhafte Ablehnung nicht mit seinem Fehlverhalten verknüpfen. Beispiel: Ihr Hund ist während eines Spaziergangs einer Wildspur gefolgt. Erst nach zehn Minuten kommt er zurück. Sie sind erleichtert, aber wütend. Sie wissen: Wenn Sie ihn jetzt schimpfen, wird er die Strafe mit seinem

»He, was ist denn hier los?« Wird ein Hund zur Strafe einfach ignoriert, lernt er gar nichts und kann sein Verhalten auch nicht ändern.

Zurückkommen verbinden und in Zukunft vielleicht gar nicht kommen. Also leinen Sie ihn an und gehen weiter, ohne ihn zu beachten. Doch wie lange ignorieren Sie ihn? Fünf Minuten? Den restlichen Tag? Lernen funktioniert nur, wenn der Hund Ihr Verhalten mit seinem verknüpfen kann. Da dies beim Ignorieren nicht gegeben ist, können Sie ihn damit auch nicht sinnvoll strafen, sondern verunsichern und verwirren ihn bloß. Dazu kommt: Nach einiger Zeit ist Ihre Wut sicher verraucht und das Ignorieren macht Ihnen ebenso wenig Freude wie Ihrem Hund. Wozu also? Besser ist, Sie leinen Ihren Hund nach seinem unerlaubten Ausflug an und machen ein paar Übungen mit ihm – wie »Sitz!« und »Platz!« im Wechsel – und vergessen ist die Sache. Die Konsequenz: Beim nächsten Spaziergang bleibt der Hund im Zweifelsfall an der Leine.

Umlernen? Kein Problem! Auch Hundesenioren fällt es leicht, die neuen Kommandos zu verstehen.

Aus Alt mach Neu

Einige Fragen interessieren Sie sicher noch ganz brennend: Was ist, wenn Ihr Hund schon »Sitz!«, »Platz!«, »Fuß!« und all die anderen Kommandos nach der klassischen Methode gelernt hat? War das alles umsonst? Und was haben Sie überhaupt davon, wenn Sie die altbekannten Kommandos mit ihm nach dem neuen Prinzip einüben?

Gehen Sie mit Ihrem Hund auf die nächste Ebene

Wenn Sie »Sitz!«, »Platz!« und Co. wie gewohnt verwenden, lässt dabei oft die Konsequenz zu wünschen übrig, wie dies auf den vorherigen Seiten beschrieben wurde. Warum? Ganz einfach: Weil viele Hundehalter sie im Grunde wie offene Kommandos anwenden. Denn sie lassen dem Vierbeiner häufig einen großen Handlungsspielraum, da sie die korrekte Ausführung der Kom-

mandos nicht immer kontrollieren und auch zu selten korrigieren, wenn es nötig ist. Allzu oft entscheidet zudem der Hund, wann er das Kommando beendet. Erkennen Sie sich da wieder? Dann wissen Sie auch, dass Sie sich deswegen in kritischen Momenten nicht immer darauf verlassen können, dass Ihr vierbeiniger Freund zuverlässig liegen bleibt, wenn Sie ihn mit »Platz!« dazu angewiesen haben. Genauso wird das »Hier!« oft zu einer Zitterpartie – natürlich ausgerechnet meist dann, wenn für den Hund oder sein Umfeld Gefahr droht.

Es gibt keine Diskussion und auch keine Ausnahme

Arbeiten Sie mit Ihrem Hund entsprechend der 11 Kommandos und setzen diese auch im Alltag ein, erhalten »Sitz!«, »Platz!«, »Fuß!« und »Hier!« eine ganz neue Bedeutung und dazu eine neue Wertigkeit. Bekommt Ihr Vierbeiner eines dieser nun geschlossenen Kommandos, weiß er, dass es Ihnen definitiv ernst ist. Denn er hat gelernt, dass Sie ganz genau darauf achten werden, ob er Ihre Anweisungen korrekt befolgt, und ihn wenn nötig auch korrigieren.

Das Dreamteam

Sie müssen nicht befürchten, dass Ihr Vierbeiner dies als Einschränkung seiner Freiheit sieht. Schließlich hat er auch gelernt, dass sich die zuverlässige Ausführung des Kommandos für ihn lohnt, weil er anschließend eine Belohnung bekommt. Für ihn wird das also viel mehr eine tolle Möglichkeit sein, konzentriert mit Ihnen zusammenzuarbeiten und sich als Team zu beweisen. Er wird jeder Ihrer Bewegungen folgen und Blickkontakt mit Ihnen halten, um ja nichts zu verpassen. Und er weiß, dass er sich auf Sie verlassen kann, denn Sie sind dann immer mit voller Konzentration bei ihm.

Dank der 11 Kommandos
hat Ihr Vierbeiner mehr Freiheit

Mit den offenen und geschlossenen Kommandos definieren Sie die Handlungsmöglichkeiten Ihres Vierbeiners neu. Ein geschlossenes Kommando bietet ihm keinerlei Spielraum, er weiß aber genau, was von ihm erwartet wird. Dagegen ist ein offenes Kommando die kleine Lösung für zwischendurch, es ist ganz locker und frei von jedem Druck. Sie geben Ihrem Hund damit einen Handlungsrahmen vor und eine Möglichkeit, wie er sich in einer bestimmten Situation garantiert richtig verhält. Er hat einen großen Spielraum und kann selbst entscheiden, wie lange er Folge leistet, ohne eine Strafe fürchten zu müssen. Und da die offenen Kommandos in der Regel viel häufiger gegeben werden als die geschlossenen, kann Ihr vierbeiniger Freund von nun an auch viel mehr Freiheiten genießen.

Umlernen ist gar nicht schwer

Wenn Ihr Hund die Bezeichnungen der gewohnten Kommandos schon kann, können Sie diese gerne beibehalten. Schließlich sind »Sitz!«, »Platz!«, »Fuß!« und »Hier!« gewohnte und bewährte Kommandoworte, die nicht nur Ihnen leicht von den Lippen gehen, sondern auch den Personen in Ihrem Umfeld. Bringen Sie Ihrem Vierbeiner dann einfach die neue Bedeutung bei, ihm wird es viel leichter fallen, sich umzustellen.

Kommandos umlernen –
so geht es ganz leicht

Tina Horn geht hier ganz locker vor. Zunächst schaut sie, was der Hund schon kann. Kennt er die klassischen Kommandos, übt sie diese mit ihm: und zwar als geschlossene Kommandos. Zeitgleich macht sie den Hund mit den offenen Kommandos vertraut. Entweder sie arbeitet mit ihm genau wie in den Übungen beschrieben, oder sie gibt ihm zum Beispiel ein »Sitz!« und unmittelbar danach ein »Setz dich!«. Der Hund verknüpft die neue Bedeutung sehr schnell.

Hunde sind Anpassungskünstler

Hunden fällt das Umlernen wesentlich leichter als uns Zweibeinern, daher geht das einfach und meist auch recht schnell. Denn ein Hund möchte sich in das Rudel integrieren und will sich anpassen. Beim Training der 11 Kommandos soll er ja auch nichts Unangenehmes lernen, sondern bekommt mehr Verlässlichkeit und Freiheit. Lassen Sie sich daher auch gar nicht auf eine Diskussion mit Ihrem Hund ein: Wenn Sie möchten, dass er so arbeitet, dann muss er das so machen. Überzeugen Sie ihn mit Geduld und Belohnung und verlangen Sie niemals etwas Schlechtes von Ihrem Tier. Sind Sie von den 11 Kommandos überzeugt, auch wenn Ihr vierbeiniger Freund bisher die klassische Ausbildung genossen hat, ist es ein Leichtes, ihn von nun an auf die neue Arbeitsweise umzustellen.

Gemeinsam Neues lernen. Der Erfolg, den Mensch und Hund beim Training der 11 Kommandos haben, stärkt bei beiden das Vertrauen in den Partner.

BEVOR ES MIT DEM TRAINING LOSGEHT

Das Training der 11 Kommandos soll Hund und Mensch Spaß machen. Denn so freuen Sie und Ihr vierbeiniger Gefährte sich auf das gemeinsame Arbeiten. Sie beide haben schnell Erfolg und lernen mit Interesse und Neugierde weiter. Das erreichen Sie am besten, wenn Sie Ihren Hund beim Training positiv motivieren. Fördern und stärken Sie erwünschte Verhaltensweisen mit viel Lob und Belohnung – ob als Leckerli oder Spiel. Schwer würde es für ihn, wenn Sie von ihm erwarten, auf Anhieb komplizierte Abläufe zu meistern. Durch das Aufteilen der Übungen in kleine Arbeitsschritte lernt Ihr Hund viel leichter. Und dadurch erfährt er von Ihnen viel Anerkennung, für die er

sich gerne anstrengt und Höchstleistungen bringt. Zum Erlernen der 11 Kommandos ist es auch nicht nötig, dass Sie drei Wochen Urlaub nehmen, um mit Ihrem Hund intensiv zu trainieren. Im Gegenteil, dank der Aufteilung in kleine Schritte können Sie die Kommandos von Anfang an in Ihrem Alltag einbauen. Das Üben in Drei-Minuten-Einheiten mehrmals täglich bringt Ihnen beiden viel mehr, als am Wochenende eine Stunde am Stück zu arbeiten. Neben dem erfolgreichen Erlernen der 11 Kommandos und der konsequenten Umsetzung im Alltag, bleiben die Freude am gemeinsamen Arbeiten und das Spielen die wichtigsten Ziele.

Üben macht zufrieden

Jeder Hund will beschäftigt und gefordert werden. Nicht nur körperlich, sondern vor allem auch mit Kopfarbeit. Viele Hundehalter denken, dass sie ihren Vierbeiner besonders gut auslasten, wenn er sie täglich lange Strecken am Fahrrad begleiten kann. Doch ein Hund, der immer nur am Fahrrad mitläuft oder lange Joggingrunden dreht, ist für einen Moment zwar körperlich müde. Aber nach einer kurzen Erholungsphase stellt er sich wieder schwanzwedelnd vor seine Menschen und schaut sie fragend an: »Was jetzt?« Mit Bewegung alleine bekommen Sie Ihren Hund also nicht so müde, dass er zufrieden ist. Stattdessen trainieren Sie ihn zu einem Athleten, der immer mehr Kondition und Ausdauer aufbaut und immer mehr Bewegung braucht, im Kopf aber unausgelastet ist.

Bieten Sie Arbeit für den Kopf

Für einen Hund ist es auf Dauer langweilig, wenn er geistig unterfordert ist. Er wird sich selbst Beschäftigung suchen. Was ihm dann so einfällt, ist selten das, was den Zweibeinern gefällt. Damit Ihr Hund müde und zufrieden wird, müssen Sie ihm Kopfarbeit geben. Und die können Sie auch auf den Spaziergängen leicht einbauen, indem Sie diese mit Spielen und Übungen spannend gestalten. Das muss keine langweilige Unterordnung sein, Sie können Arbeit und Spiel wunderbar verbinden. Je mehr Sie über Ihren Vierbeiner, seine Vorlieben und seine Bedürfnisse wissen, desto besser können Sie darauf eingehen.

Bällchenspiele spannend gestalten

Viele Hunde lieben es, mit einem Ball zu spielen. So einem Hund können Sie zehn Minuten und länger einen Ball zuwerfen und er holt ihn immer wieder. Auf Dauer ist das aber langweilig und sinnlos. Besser geht es mit den 11 Kommandos: Legen Sie den Hund mit »Platz!« ab und den Ball fünf Meter von ihm entfernt auf den Boden. Der Hund darf erst aufstehen und den Ball holen, wenn Sie das Platz-Kommando auflösen und es ihm erlauben. Das ist dann kein eintöniges Spiel, sondern Kopfarbeit. Der Hund muss sich konzentrieren – er ist geistig gefordert.

Den Hund richtig auspowern

Geben Sie Ihrem Hund fünf bis zehn Minuten geistige Arbeit, wie abwechselnd im »Fuß!« gehen und im »Platz!« liegen. Das Warten auf weitere Kommandos und die Konzentration auf Sie sind für ihn anstrengender als 30 Minuten sinnfreies Rennen, sei es am Fahrrad oder dem Ball hinterher. Durch noch so kurzes Training lernt Ihr Vierbeiner nicht nur Gehorsam, sondern er wird ausgeglichen und gewinnt durch die Erfolgserlebnisse an Selbstvertrauen. Außerdem genießt jeder Hund die ungeteilte Aufmerksamkeit seines Rudelchefs. Solche Hunde sind glückliche Hunde. Und die 11 Kommandos helfen Ihnen, auch Ihren Hund glücklich zu machen.

Für eine Belohnung aus dem gefüllten Futterdummy arbeitet fast jeder Vierbeiner freudig und motiviert.

Wie lernt ein Hund?

Jeder Hund lernt anders. Je nach Rasse oder Alter hat jedes Tier seine ganz speziellen Vorlieben und sein eigenes Tempo beim Erlernen von Kommandos. Hunde sprechen auch sehr unterschiedlich auf die verschiedenen Hilfen an. Die einen werden durch Futter motiviert, die anderen eher durch das Spielen. Aber eines ist sicher: Jeder Hund verbringt gerne Zeit mit seinem Menschen und hat Freude am gemeinsamen Training – wenn dieses auf seine Bedürfnisse und Fähigkeiten abgestimmt ist. Vergleichen Sie deshalb nie Ihren Hund mit einem seiner Artgenossen. Bleibt der zehn Monate alte Hund Ihrer Freundin bereits fünf Minuten in der Platzablage liegen, während Ihrer mit über einem Jahr noch rumkaspert? Egal! Schauen Sie genau hin, was Ihr Hund schon alles kann, und seien Sie stolz auf ihn. Vor allem: Gehen Sie den Weg, der für Sie und Ihren Racker am besten ist.

Lernvarianten

Viele alltägliche Verhaltensweisen müssen Sie Ihrem Hund nicht beibringen, er lernt sie allein durch Beobachten. So, wie Hunde das Sozialverhalten von Artgenossen erkunden, so erkunden und durchschauen sie auch uns und unser Leben. Daher weiß Ihr Hund sehr schnell, dass morgens nichts Aufregendes passiert, solange Sie noch nicht gefrühstückt haben. Und er weiß, dass es zum Spaziergang geht, wenn Sie bestimmte Schuhe anziehen. Viele Menschen sagen, dass ihr Hund sie völlig versteht. Da ist was dran. Denn Hunde können unsere Körpersprache lesen und unser Verhalten durch Beobachtung einordnen. Und sie versuchen, ihr Verhalten dem unseren anzupassen. Je konsequenter wir sind, desto leichter gelingt es ihnen auch.

Erfolg und Misserfolg

Hunde lernen durch Erfolg und Misserfolg. Angenommen, ein Welpe erwischt einen Schuh und hat ausgiebig Zeit, daran zu kauen. Dabei lernt er, dass es Spaß macht, an Schuhen zu kauen. Bekommt er aber nie die Gelegenheit dazu, lernt er auch nicht, dass es Spaß macht. Er wird sich später für Schuhe gar nicht interessieren. Oder: Ein junger Hund sitzt am Esstisch und bettelt. Er bekommt etwas vom Tisch. Er lernt, dass er etwas bekommt, wenn er bettelt. Ein Hund, der konsequent nie vom Tisch gefüttert wird, wird erst gar nicht betteln. Sollte er es doch probieren und wird bei den ersten Versuchen mit einem deutlichen »Nein!« gemaßregelt, dann ist für ihn das Thema durch.

Verhalten verknüpfen

Hunde lernen auch, indem Sie ihr Verhalten mit einer Reaktion der Umwelt darauf verknüpfen. Deshalb ist es so wichtig, dass gewünschte Verhaltensweisen belohnt werden. Dieses Verknüpfen funktioniert nicht nur positiv, sondern auch negativ. Nehmen Sie beispielsweise an, dass

Hunde lernen gern. Nicht nur Bewegung und Spiel, auch Kopfarbeit ist wichtig für ihr Wohlbefinden.

Ihr Hund im Garten buddelt. Sie möchten das unterbinden und werfen, ohne dass der Hund dies bemerkt, eine leere Plastikgießkanne neben ihn (neben, nicht auf ihn!). Es scheppert und rumpelt. Ihr Hund verknüpft dann vielleicht, dass Gießkannen durch den Garten fliegen, wenn er dort Löcher buddelt. Die Wahrscheinlichkeit ist recht groß, dass er dies künftig unterlässt. Sie können also unerwünschte Verhaltensweisen durch negative Erfahrungen beeinflussen und abstellen, dürfen dabei aber nie ungerecht sein.

Richtig verknüpfen: Überlegen Sie sich beim Training der 11 Kommandos immer wieder, was Sie mit Ihrer Reaktion erreichen möchten, damit Sie nicht unbeabsichtigt ein gewünschtes Verhalten falsch beeinflussen. Beispiel: Ein Hund ist beim Spaziergang einem Hasen nachgerannt und kommt erst nach einiger Zeit wieder zu seinem Menschen zurück. Der ist wütend und schimpft den Hund. Der Vierbeiner verknüpft das Schimpfen nun aber nicht mehr mit seinem Davonlaufen, sondern mit seinem Wiederkommen. Er verknüpft: »Ich komme. Ich werde geschimpft. Also komme ich besser nicht mehr.« Es wurde genau das Gegenteil dessen erreicht, was beabsichtigt war.

Timing: Sie bestärken Ihren Hund positiv, um gewünschte Verhaltensweisen zu fördern und zu festigen. Dabei ist der Zeitpunkt besonders wichtig. Erhält ein Hund die Belohnung zu spät, dann weiß er entweder nicht, wofür er sie erhält, oder er verknüpft die Belohnung womöglich falsch mit einem anderen Verhalten. Wenn Sie Ihren Hund rufen und Sie ihn bei seiner Ankunft sofort belohnen, verknüpft er: »Ich werde gerufen. Ich komme. Ich werde belohnt. Kommen lohnt sich.« Künftig wird er gerne auf Zuruf kommen. Belohnen Sie ihn aber erst, wenn er sich nach seiner Ankunft hingesetzt hat, dann bestätigen Sie das Sitzen und nicht das Kommen. Warum aber soll der Hund auf Zuruf kommen, wenn er dafür nicht belohnt wird?

Die Futterbelohnung

Wir arbeiten beim Training ausschließlich mit positiver Motivation und belohnen unsere Hunde vor allem mit Leckerlis und Spiel. Sie werden sehen: Auch Sie und Ihr Hund haben damit schnell und lang anhaltend Erfolg. Damit Sie Ihren vierbeinigen Freund wegen der vielen Belohnungen nicht zu gut füttern, sollten Sie ihm das entsprechend vom Abendessen wieder

Liebe geht durch den Magen, Arbeitsfreude ebenso. Machen Sie sich und Ihrem Hund das Lernen leicht.

abziehen. Denn der Hund soll natürlich nicht dick werden. Was aber, wenn er sich gar nichts aus Leckerlis macht? Dann bringen Sie es ihm bei. Gewöhnen Sie ihn an die Bestätigung durch Futter, indem Sie eine Weile mit einem Dummy arbeiten, der mit Futter gefüllt werden kann. Füttern Sie den Hund nicht mehr aus dem Napf, sondern geben Sie ihm seine Ration verteilt über den Tag direkt aus den Futterdummy oder aus der Hand. Macht er eine Übung gut, erhält er Futter. Folgt er beim Spaziergang Ihren Kommandos, erhält er Futter. So lernt Ihr Hund, dass sich das Arbeiten für ihn lohnt. Bei einem gesunden Vierbeiner ist es kein Problem, wenn er während der Umstellung einmal einen Tag hungert.

Spielerisch lernen

Also soziale Wesen haben Hunde und Menschen etwas gemeinsam: Sie spielen gerne. Beim Toben und Rangeln mit Artgenossen lernen junge Vierbeiner nicht nur richtiges Sozialverhalten, sondern erkennen auch die Rudelstruktur. Intensives Spielen verstärkt zudem die Mensch-Hund-Beziehung, was sich positiv auf alle Ebenen des Miteinanders auswirkt – auch beim Training

SPIELZEUG MIT MAGIE: DAS SUPER-SPIELZEUG

Machen Sie aus einem Spielzeug ein magisches Objekt, das Sie beim Arbeiten oder bei Spaziergängen immer bei sich haben. Geben Sie diesem Spielzeug einen Namen, den sie rufen, sobald es zum Einsatz kommt. Ihr Hund soll verrückt danach sein. Aber er bekommt es nur, wenn Sie es ihm geben. Tragen Sie es nicht offen mit sich herum und lassen Sie es nie frei liegen. So halten Sie die Neugierde Ihres Hundes stets wach. Denn mit dem »Super-Spieli« können Sie die Aufmerksamkeit Ihres Rackers auch in kritischen Situationen wie von Zauberhand auf sich lenken.

der 11 Kommandos. So können Sie Ihren Hund spielerisch und ohne Druck an sich binden und ihm zeigen, wer der Chef im Hause ist. Das Spiel bereitet aber auch auf das Jagen vor: Spielerisch wird Beute gemacht. Deshalb können Sie Ihren Vierbeiner im Training ebenso effektiv mit Spielzeug belohnen und bestätigen, wie das sonst mit Futter als Belohnung geht.

Die richtige Spieltechnik

Bevor Sie mit dem Spielen loslegen, brauchen Sie Spielzeug, das für Ihren Hund geeignet ist: nicht zu groß, damit er es packen kann, auch nicht zu klein, damit er es nicht versehentlich verschluckt. Regt der Hund sich beim Spiel leicht auf, eignet sich quietschendes Spielzeug für ihn nicht, denn das heizt ihn noch mehr an. Eher ruhige Typen lassen sich mit dem Gequietsche aber gut aus der Reserve locken. Ist Ihr junger Hund gerade im Zahnwechsel, darf nur vorsichtig und mit weichem Spielzeug gespielt werden. Sonst kann er davon Schmerzen bekommen und verliert schnell die Lust am Spielen. Starten Sie das Spiel immer mit »Okay« und beenden Sie es auch damit. Stecken Sie das Spielzeug weg, bekommt der Hund zum Tausch ein Leckerli.

Sie sind der Chef und geben Ihrem Hund die Spielregeln vor

Als Rudelchef fordern Sie Ihren Hund zum Spielen auf und nicht er Sie. Sie entscheiden, wann, was und wie lange gespielt wird. Deshalb reagieren Sie auch nicht, wenn Ihr vierbeiniger Freund sein Spielzeug vor Ihre Füße legt. Auch wenn er noch so süß schaut. Nach einigen Minuten ohne Quengeln können Sie dann aufstehen, ein anderes Spielzeug nehmen und Ihrerseits den Hund zum Spielen einladen. Spielen Sie mit Ihrem Hund anfangs zunächst immer körpernah am Platz. Wenn Sie das Spielzeug von sich wegwerfen, schicken Sie damit auch den Hund so von sich fort (→ Richtig spielen, Seite 37). Später sollten Werfen und Spielen am Platz eine gute Mischung sein. Bewegen Sie das Spielzeug schnell in einer Acht, imitieren Sie damit die Bewegungen einer rennenden Maus, zergeln Sie mit Ihrem Hund. Spielen Sie direkt am Boden,

Spielen stärkt jede gute Mensch-Hund-Beziehung.

Einen Ball zu jagen bringt viel Spaß und Bewegung.

damit Ihr Hund nicht lernt, für das Spielzeug hochzuspringen. Halten Sie es auch stets gut fest und entscheiden Sie, wer gewinnen darf und wer nicht. Gehört Ihr Hund eher zu den ängstlichen Typen, kann er häufiger als Gewinner aus dem Spiel hervorgehen. Das stärkt sein Selbstvertrauen. Ist Ihr Hund jedoch bereits selbstbewusst und hinterfragt vielleicht sogar die Rudelhierarchie, dann sollten Sie ihn nicht gewinnen lassen. So zeigen Sie ihm deutlich, aber freundlich, wer Chef ist. Spielt Ihr Hund mit vollem Einsatz, kann das auch einmal einen blauen Fleck bei Ihnen geben, doch das ist nicht schlimm. Wird das Spiel allerdings zu wild und ungezügelt, brechen Sie es ab, indem Sie einfach aufhören.

Futter gehört außer Reichweite

Halten Sie beim Spielen nie Futter in den Händen, da Futter bei den meisten Hunden stärker wirkt als ein Spiel. Bringt Ihr Hund den Ball, ist es sinnvoll, zum Belohnen erst dann in die Leckerli-Tasche zu greifen, wenn der Ball schon bei Ihnen ist. Sonst wird der Hund den Ball auf dem Weg zu Ihnen fallen lassen, weil er sich in diesem Moment mehr fürs Futter interessiert.

Ihr Hund spielt nicht?

Dann bringen Sie es ihm bei. Machen Sie sich bitte die Mühe, auch bei einem älteren Tier. Wir wissen, dass dies anstrengend sein kann und viel Geduld erfordert. Doch es lohnt sich, da Ihr Alltag so viel leichter wird, wenn Sie mit Ihrem Hund spielen können. Bewegen Sie sich schnell, aber nicht bedrohlich. Versuchen Sie sein Interesse zu wecken, indem Sie das Spielzeug nicht auf ihn zu, sondern von ihm weg bewegen. Reagiert Ihr Hund zunächst gar nicht auf Spielzeug, können Sie einen Futterdummy (→ Die Futterbelohnung, Seite 29) nutzen. Wenn Sie diesen an eine Schnur hängen und schnell hin und her ziehen, ist sehr viel Bewegung im Spiel, die den Hund neugierig macht. Für jedes erfolgreiche Hinterherhechten oder Zergeln gibt es dann eine Belohnung aus dem Dummy. Füttern Sie ihn einige Zeit nicht aus dem Napf, sondern nur aus dem Dummy: Fürs Spielen bekommt er Futter. Bald wird Ihr Hund Freude daran finden, mit Ihnen gemeinsam Futter zu erbeuten. Da Hunde sich gerne und leicht ablenken lassen, spielen Sie am Anfang nur kurz, aber intensiv und bauen Sie gerne auch schon Kommandos in das Spiel ein.

Die Körpersprache des Hundes

Ihr Vierbeiner verständigt sich mit Ihnen hauptsächlich über seine Körpersprache. Wenn Sie seine Signale beim Training beachten, können Sie noch besser mit ihm arbeiten. Bemerken Sie eine der in den Bildern gezeigten Verhaltensweisen, stimmt etwas nicht: Vielleicht ist Ihre Körpersprache ungenau, die Ablenkung zu groß oder Ihr Hund hat noch nicht den notwendigen Ausbildungsstand. Dann ist Zeit für eine Pause. Vorher gibt es noch eine leichte Übung, die Ihr Hund gut kann und für die er mit Leckerlis und einem Spiel belohnt wird. Überlegen Sie, wie Sie das nächste Training verbessern können.

1 Er leckt sich: Haben Sie Ihren Hund gerade mit einem Klecks Leberwurst belohnt, ist es ganz natürlich, dass er sich noch lange genüsslich leckt. Klappt aber die Übung nicht oder arbeitet Ihr Hund nicht freudig mit, sondern schleckt er sich immer wieder über die Schnauze, kann das Signal auf einen inneren Konflikt hinweisen, der zum Beispiel durch Unsicherheit oder Überforderung verursacht wird. Möglich ist auch, dass er sich durch Ihre Körpersprache bedrängt fühlt und versucht, Sie mit dieser Geste wieder freundlich zu stimmen – zu beschwichtigen.

2 Er kratzt sich: Vielleicht hat eine Ameise Ihren Vierbeiner gezwickt. Aber ein Hund, der aufmerksam und mit Freude arbeitet, lässt sich durch solche Kleinigkeiten in der Regel nicht lange stören. Kratzt Ihr Hund sich während der Übung auffallend oft, kann das ein Konfliktsignal sein, möglicherweise ausgelöst durch Unsicherheit oder Überforderung.

3 Er gähnt: Müde Hunde gähnen. Und so kann dieses Verhalten durchaus darauf hinweisen, dass Ihr Vierbeiner nach einer Phase konzentrierten Arbeitens eine Pause braucht. Häufiges Gähnen kann je nach Situation auch wieder ein Anhaltspunkt für Unsicherheit sein. Auch in diesem Fall ist es nun ein guter Zeitpunkt für eine Pause.

4 Er weicht aus: Wenn der Hund seinen Kopf senkt und Ihrem Blick mit zur Seite gerichtetem Kopf ausweicht, fühlt er sich sichtlich unwohl in dieser Situation, ist verunsichert und überfordert. Holen Sie ihn aus dem Tief, indem Sie die Übung positiv beenden und machen Sie am nächsten Tag weiter.

5 Er macht sich klein: Duckt sich Ihr Hund, legt er die Ohren an und senkt die Rute, kann es sein, dass er wieder beschwichtigt. Klemmt er dazu seine Rute unter dem Körper ein, hat er richtig Angst. Die Ursachen können vielfältig sein, beispielsweise wird er durch äußere Einflüsse verunsichert, Sie fordern zu viel von ihm oder er spürt, dass Sie ungeduldig werden. Beenden Sie nun rasch das Training, vergessen Sie aber nicht den positiven Abschluss mit Spiel und Spaß.

6 Er will spielen: Ihr Vierbeiner nimmt die typische Haltung für die Spielaufforderung ein: Er wedelt und steht mit seinem Hinterteil, während sein Vorderkörper fast auf dem Boden liegt. Dies strahlt scheinbar Lebensfreude pur aus. Doch manchmal ist es auch der Versuch, auf nette Weise ein stressiges Training zu beenden. Junge Hunde, die sich noch nicht lange konzentrieren können, bauen so auch oft Spannung ab. In jedem Fall ist nach einer einfachen Übung Zeit für eine Pause.

1 »Bitte sei freundlich zu mir.«

2 »Ich fühle mich unsicher und bin überfordert.«

3 »Ich weiß gerade gar nicht, was du von mir willst.«

4 »Ich fühle mich unwohl und möchte lieber weg.«

5 »Es macht mir keinen Spaß, ich habe Angst.«

6 »Ich kann mich nicht mehr konzentrieren.«

1 Sie laden Ihren Hund freundlich zum Kommen ein.

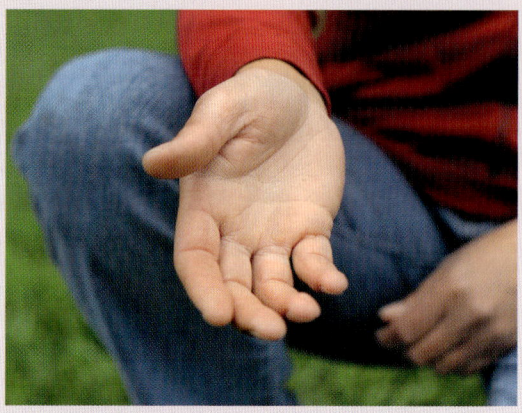

2 Eine offene Hand schafft Vertrauen und Sicherheit.

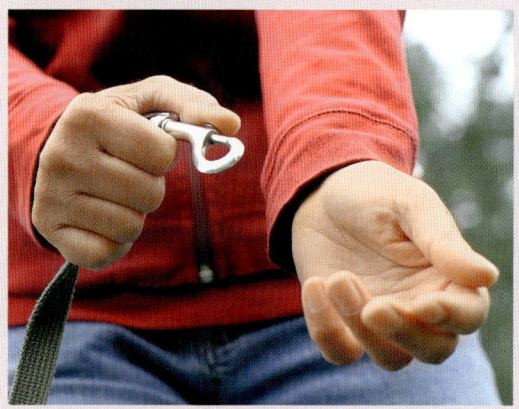

3 Auch das Anleinen soll nicht bedrohlich wirken.

4 Diese Körperhaltung signalisiert: »Bleib wo du bist!«

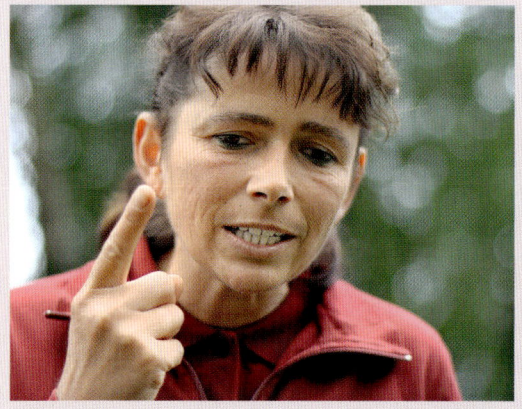

5 Für solche Gesten kommt kein Hund gern zurück.

6 Streicheln von oben wirkt für Hunde oft bedrohlich.

Die Körpersprache des Menschen

Wir Menschen verständigen uns vor allem mit Wörtern, unsere Körpersprache setzen wir nur selten bewusst ein. Sie können Ihrem Hund beibringen, auf bestimmte Wörter ein gewünschtes Verhalten zu zeigen. Trotzdem wird er sich noch stark an Ihrer Körpersprache orientieren, denn die versteht er viel besser. So können Missverständnisse entstehen, denn oft sagt die Körpersprache etwas ganz anderes als das gesprochene Kommando. Schon das Herrufen und Anleinen kann aus Hundesicht dann sehr verwirrend sein. Sie machen es Ihrem Hund leichter, wenn Sie auf Ihre Körpersprache achten.

1 Situation: Sie rufen freundlich »Zu mir!«, stehen seitlich zum Hund und drehen die Schulter von ihm weg. Zusätzlich ermuntern Sie ihn, indem Sie in die Hände klatschen.
Aus der Sicht des Hundes: Ihre Körperhaltung ist jetzt eindeutig und signalisiert dem Vierbeiner »Folge mir!«. Ihr Hund fühlt sich in dieser entspannten Situation willkommen und wird sich Ihnen gerne anschließen.

2 Situation: Sie gehen in die Hocke, um Ihren Hund zu streicheln oder anzuleinen. Ihre offene Hand nähert sich ihm von unten und führt auch so die Leine zum Halsband.
Aus der Sicht des Hundes: Sie schaffen eine für den Hund angenehme Atmosphäre. Dabei machen Sie sich nicht klein vor ihm, sondern wirken ruhig, souverän und freundlich.

3 Situation: Sie leinen Ihren Hund an und beugen sich dabei über ihn.
Aus der Sicht des Hundes: Die Annäherung von oben wirkt auf viele Hunde bedrohlich und sie weichen zurück. Damit der Hund aber genau das nicht macht, greifen Sie nach seinem Halsband und ziehen ihn an sich heran. Zeitgleich nähert sich die andere Hand mit der Leine. Das ist für keinen Hund angenehm. Nur weil er Sie kennt und Ihnen vertraut, lässt er diese Aktion über sich ergehen, ohne panisch zu reagieren.

4 Situation: Sie rufen Ihren Hund heran. Dabei ist Ihre Körperfront zum Hund gerichtet. Weil Sie warten müssen, stemmen Sie die Hände in die Hüften und beugen sich nach vorne.
Aus der Sicht des Hundes: Ihre Körperfront bedeutet: »Stopp!«. Sie geben widersprüchliche Signale: Das gesprochene »Zu mir!« und das körpersprachliche »Stopp!«. Ihr Hund ist verwirrt und zögert. Mit den Händen in den Hüften signalisiert Ihr Körper sogar: »Bleib bloß weg von mir!«

5 Situation: Ihr Hund hat gelernt, dass er auf »Hier!« zu Ihnen gehen soll, auch wenn Ihr Körper etwas anderes signalisiert. Doch weil es lange gedauert hat, schimpfen Sie ihn aus. Dabei fuchteln Sie bedrohlich mit dem Finger, machen ein unfreundliches Gesicht, zeigen die Zähne und sprechen laut und hart.
Aus der Sicht des Hundes: Jetzt signalisiert Ihr Körper nicht mehr nur »Stopp!«, sondern sogar: »Geh weg von mir!«.

6 Situation: Der Hund ist an der Leine und Sie wollen ihm mit einem Streicheln zeigen, dass alles in Ordnung ist. Dabei nähert sich Ihre Hand dem Hund von oben.
Aus der Sicht des Hundes: Viele Hunde fühlen sich dann bedrängt. Oder was würden Sie empfinden, wenn Ihnen eine riesige Hand auf den Kopf fasst?

11 KOMMANDOS FÜR WELPENBESITZER

Ein Welpe soll es sein? Wie schön! So haben Sie die Möglichkeit, Ihren neuen Hund von Anfang an liebevoll und konsequent zu einem treuen Begleiter zu erziehen. Warten Sie damit nicht, bis Ihr kleiner Gefährte ein selbstbewusster Junghund ist, der seine eigenen Regeln macht. Hat er sich erst einmal Unarten angewöhnt, wird es um ein Vielfaches anstrengender sein, ihm diese wieder abzugewöhnen. Beginnen Sie deswegen bereits von der ersten Sekunde an mit der Erziehung und machen Sie dem Racker deutlich, wer der Chef in Ihrem Rudel ist. Haben Sie keine Sorge, dass Sie zu streng mit dem Welpen sind: Wenn Sie ihm liebevoll und mit Geduld und

Spiel vermitteln, worauf es ankommt, wird er Ihnen gerne folgen. Regeln sind ihm selbst in seinem noch jungen Alter nicht fremd, denn auch seine Mutter hat bisher schon darauf geachtet, dass er sich manierlich benimmt. In seinen ersten Lebenswochen hat das Hundekind ebenfalls gelernt, dass es unterschiedliche Rangstellungen innerhalb einer Familie gibt. Und es hat schon erfahren, dass jemand souverän das Rudel anführt, ihm Sicherheit und Schutz bietet und für Beschäftigung und Nahrung sorgt. Das soll Ihr kleiner Freund auch bei Ihnen weiterhin erfahren – und die 11 Kommandos werden Ihnen dabei eine große Hilfe sein.

Vertrauen aufbauen

Sie bringen Ihrem Hund alles bei, was er können muss, um sich in der Welt der Menschen sicher und souverän zu bewegen. Dazu lassen Sie ihn möglichst unbefangen aufwachsen und erziehen ihn von Anfang an mit Konsequenz. In den ersten Wochen soll das Hundekind keine schlechten Erfahrungen machen – weder mit Ihnen noch mit anderen Menschen. Üben Sie daher keinerlei Zwang aus, wenn Sie ihm etwas beibringen oder zeigen. Überzeugen Sie ihn ausschließlich mit Spiel und Leckerlis und belohnen Sie jeden noch so kleinen Fortschritt. Je mehr Erfolg ein Welpe erfährt, desto sicherer und gelassener wird er werden. Das Wichtigste ist jetzt die Bindung an seine Menschen. Wenn diese Basis stimmt, wird das Hundekind auch später eifrig beim Erlernen von Kommandos mitarbeiten und Ihre Anleitung vertrauensvoll annehmen. Gemeinsames Spielen und Kuscheln bringt Sie einander näher, Sie lernen sich dabei kennen und einander zu vertrauen.

Richtig spielen mit dem Welpen

Werfen Sie Spielzeug nicht von sich weg, wenn Sie mit dem Welpen spielen, er kann es noch nicht apportieren. Durch das Werfen schicken Sie ihn von sich fort, doch er soll ja bei Ihnen bleiben. Spielen Sie am Platz. Und nie direkt mit den Händen, sondern immer mit Spielzeug. So lernt der Kleine von Anfang an, dass seine Zähnchen nichts in Ihren Händen verloren haben. Erwischt er sie doch einmal, rufen Sie ein lautes, helles »Au!«, damit er sofort loslässt. Wird Ihnen sein Spiel zu wild, brechen Sie ab. Spielsachen, mit denen er sich selbst beschäftigen kann, dürfen jederzeit für ihn zugänglich am Boden liegen. Es gibt aber noch ein besonderes Spielzeug, das »Super-Spieli« (→ Kasten, Seite 30): Suchen

Spielen stärkt das Selbstbewusstsein des Kleinen.

Sie dafür ein Spielzeug aus, das der Kleine ganz toll findet. Es kommt immer dann zum Einsatz, wenn Sie ihn für die Ausführung eines Kommandos oder sein gutes Verhalten loben. Zeigen Sie es ihm daher von Anfang an.

Zusammen durch dick und dünn

Ihr Welpe soll viele neue Eindrücke sammeln. Jedoch nicht zu viele auf einmal, das würde ihn überfordern und nicht stärken. Lassen Sie ihn an Ihrem Alltag teilhaben und machen Sie ihn damit vertraut. Mehr aber auch nicht. Der Welpe muss nicht U-Bahn fahren, wenn dies gar nicht zu Ihrem üblichen Alltag gehört. Darf der Hund aber mit ins Büro und führt der Weg dorthin in die U-Bahn, dann lernt er sie automatisch kennen. Ein Ausflug in die Stadt, nur um Ihrem Hund alle Errungenschaften der modernen Zivilisation zu zeigen, verunsichert und stresst ihn. Besser ist es, den Hund im Alltag konsequent zu erziehen. Er soll sicher und ausgeglichen werden. Und er soll lernen, dass er sich auf Sie als souveränen Rudelchef verlassen kann. Wenn er Ihnen in jeder Situation vertrauen kann, dann folgt er Ihnen gerne – auch in die U-Bahn.

Treppensteigen ist für Welpen zunächst noch tabu. Ein klares »Nein!« lehrt das den Kleinen schnell.

Die ersten Wochen

»Was? Dein Hund kann noch kein Platz?« Als Welpenbesitzer ergeht es einem oft wie frischgebackenen Eltern: Von allen Seiten gibt es gut gemeinte Ratschläge. Manchmal sind sie nützlich, manchmal fraglich, oft verwirrend oder falsch. Lassen Sie sich davon nicht verunsichern und bleiben Sie geduldig und gelassen.

Auf den Welpen eingehen

Ja, ein Hund will von Anfang an erzogen werden. Deswegen steht beim Welpen nicht nur Spiel auf dem Programm. Beginnen Sie sofort mit den ersten offenen Kommandos. »Zu mir!« oder »Bei mir!« kann der Kleine recht schnell lernen. Damit Ihr kleiner Freund sein Leben lang gerne und freudig mit Ihnen lernt, vermitteln Sie ihm von Anfang an, dass Gehorsam und Arbeit mit Spaß, Spiel und viel Belohnung verbunden

sind. Viel belohnen können Sie aber nur, wenn der Vierbeiner viel richtig macht. Und mit Spaß wird er nur dabei sein, wenn ihm die Übungen leicht fallen und er statt Druck Erfolg verspürt. Überfordern Sie Ihren jungen Hund also nicht, sondern verlangen ihm immer nur das ab, was er auch leisten kann. Ein 15 Wochen alter Welpe muss noch nicht im »Platz!« liegen. Er kann das noch gar nicht, denn er ist dazu noch viel zu verspielt und lässt sich zu leicht von allen möglichen Dingen ablenken. Schafft er ein kurzes »Leg dich!«, ist das schon wunderbar! Das perfekte »Platz!« folgt später. Denn gerade für Welpen gilt: Kleine Schritte bringen große Erfolge, große Schritte hingegen Misserfolge! Für diese Strategie sind die offenen Kommandos ideal. Je besser dieser Grundstein gelegt ist, desto leichter fallen dem Vierbeiner später die schwereren geschlossenen Kommandos. Doch wann genau soll Ihr Hund was lernen?

8 bis 10 Wochen

In dieser Phase lernt der Welpe seine Umgebung und seine Menschen kennen. Spielen Sie viel mit ihm. Rufen Sie ihn bei seinem Namen und verbinden ihn mit »Zu mir!« (→ Seite 56) – so üben Sie das erste offene Kommando. Ganz nebenbei können Sie weitere Kommandos in Ihr Spiel einbauen. So ist ein kurzes, aber erfolgreiches »Bei mir!« (→ Seite 72) ein wunderbares Ziel und es folgen »Leg dich!« (→ Seite 88) und »Setz dich!« (→ Seite 104). Auch die Regelkommandos (→ Seite 116) »Nein!«, »Pfui!« und »Aus!« lernt der Kleine jetzt schon kennen.

Trainingstipp: Bestätigen Sie jeden auch noch so kleinen Erfolg mit Leckerlis und Spiel. Zwei- oder dreimal ein »Leg dich!« über den Tag verteilt ist völlig ausreichend. Kombinieren Sie die Kommandos allerdings noch nicht miteinander, denn das würde den Welpen überfordern.

11 bis 16 Wochen

Festigen Sie weiter die Mensch-Hund-Bindung durch Spiel und Spaß. Üben Sie ein klein wenig länger mit Ihrem Hund und gewöhnen Sie ihn so an Ausdauer und Konzentration. Jeder kleine Erfolg wird freudig bestätigt. Bauen Sie die Kommandos in Ihre Ausflüge ein und üben Sie »Bei mir!« mit und ohne Leine.

Erste Spaziergänge

Bevor der Welpe die weite Welt erkunden darf, soll er Ihre Wohnung und den Garten kennenlernen. Erst, wenn er sich zu Hause wirklich sicher fühlt, geht es weiter nach draußen. Die ersten Spaziergänge sind kurz, dafür spannend und es wird viel gespielt. Steigern Sie die Zeit langsam (→ Bewegung, Seite 43), dadurch schützen Sie den Kleinen vor Überforderung. Denn ein Welpe oder Junghund wird mitlaufen, solange ihn seine Füßchen tragen, da er immer bei seinem Rudelverband sein möchte. Verausgabt er sich jedoch, kann das dazu führen, dass er nur noch ungern oder gar nicht mehr mitgeht, was natürlich auch das Training der 11 Kommandos sehr erschwert.

Mit dem Auto unterwegs

Im Auto ist der Hund am sichersten in einer Box untergebracht. Fahren Sie anfangs nur wenige Minuten bis zu einer Wiese, wo Sie Ihren Welpen gefahrlos ohne Leine laufen lassen können. Dort angekommen, loben und füttern Sie ihn und heben ihn aus dem Auto. Spielen Sie mit ihm. Locken Sie ihn mit »Zu mir!« zu sich und loben und belohnen Sie ihn, wenn er kommt. Gehen Sie einige Meter, damit er die Umgebung erkunden kann und spielen Sie wieder. Dann geht es auch gleich nach Hause. Damit der Welpe lernt, das Autofahren mit Spiel und Spaß zu verbinden, fahren Sie zu jedem kurzen Spaziergang.

Beim Tierarzt

Stellen Sie dem Welpen die Tierarztpraxis und den Arzt schon vor dem nächsten Impftermin (Aua!) vor. Er kann in der Praxis schnuffeln, sich alles ansehen und darf anschließend ganz entspannt nach Hause. Üben Sie auch dort schon ein »Zu mir!« Die Praxis ist am besten fast leer – so sieht der Kleine auch keine verängstigten Artgenossen. Steht kein wichtiger Termin an, sind auch Sie entspannt und locker und können ihm gut vermitteln: »Alles nicht so schlimm hier.«

Alleine bleiben

Gewöhnen Sie den Welpen schon jetzt daran, kurz alleine zu sein. Gehen Sie ins Bad oder in den Keller, wenn Sie mit ihm gespielt haben und er müde ist. Schließen Sie die Zimmertür hinter sich oder lassen Sie ihn in der geschlossenen Box, denn er soll nicht alleine durch die Wohnung streichen. Gehen und kommen Sie ganz selbstverständlich ohne Kommentar. Ist der Welpe mit einem Spielzeug oder Kauknochen abgelenkt, merkt er vielleicht gar nicht, dass Sie weg waren.

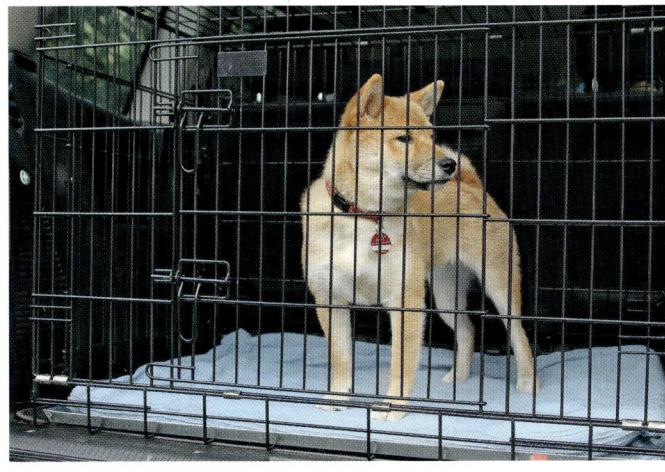

In einer Hundebox fährt Ihr Vierbeiner sicher mit im Auto. Welpen dürfen aber noch nicht aus dem Heck des Wagens springen. Das schadet ihren Gelenken.

Vom Welpen zum Teenager

Im ersten halben Jahr führen Sie Ihren jungen Hund spielerisch an die offenen Kommandos heran, danach lernt er die geschlossenen Kommandos kennen. Sie können Ihrem Welpen viel beibringen und zeigen, doch ein gesundes Sozialverhalten Artgenossen gegenüber kann er nur von anderen Hunden lernen. Deshalb ist es so wichtig, dass er nun auch weiterhin Kontakt zu Artgenossen hat. Am besten geht das in der Welpengruppe einer Hundeschule. Die Tiere können dort die notwendigen Verhaltensweisen spielerisch lernen und ausprobieren. Sie dürfen dabei aber nicht einfach sich selbst überlassen werden: Ein Trainer greift ein, um grobe Feindseligkeiten zu unterbinden. Lassen Sie Ihren Welpen auch nur unter Aufsicht mit fremden erwachsenen Hunden zusammen. Der so genannte Welpen-

schutz existiert nur innerhalb einer Familie. Fremde Hunde müssen Ihren quirligen Liebling nicht immer mögen und weisen ihn vielleicht sehr grob zurück.

4 bis 6 Monate

Spielen, spielen, spielen! Sie arbeiten immer noch ausschließlich mit den offenen Kommandos, um sie zu festigen. Während einer Übungseinheit können Sie schon mehrere Kommandos einbauen: Zum Beispiel von einem »Setz dich!« ins »Leg dich!« und wieder zurück. Arbeiten Sie noch mit Leckerlis und Handzeichen als Hilfestellung, verlangen Sie nun aber noch etwas mehr Geduld und Ausdauer von Ihrem Hund.

Erste Spiele mit fremden Artgenossen sollten immer unter Aufsicht stattfinden.

7 bis 12 Monate

Sie ahnen es? Ja, Sie spielen. Jetzt ist es aber auch an der Zeit, die Hilfen bei den offenen Kommandos abzubauen. Parallel dazu ist es nun soweit, erstmals die geschlossenen Kommandos einzuführen, wie das »Platz!«. Bauen Sie die geschlossenen Kommandos Schritt für Schritt wie in Kapitel 2 beschrieben auf und steigern Sie diese nur langsam. Mit einem Jahr sollte Ihr Vierbeiner aber alle 11 Kommandos kennen. Je nach Rasse und Charakter Ihres Hundes sind seine Geduld und seine Ausdauer mehr oder weniger gefestigt: Ein einjähriger Jack Russell Terrier hält jetzt vielleicht schon drei Minuten geduldig das Platz, ein Hovawart kann dies möglicherweise schon acht Minuten. Nehmen Sie deswegen weiterhin Rücksicht auf den Ausbildungsstand und das Wesen Ihres Hundes.

Die Pubertät – jetzt wird es turbulent

Ja, auch Hunde machen so was durch. Abhängig von Rasse und Geschlecht werden Hunde in einem Alter zwischen sechs und etwa zwölf Monaten geschlechtsreif. Die Hündin wird dann zum ersten Mal läufig und der Rüde beginnt, sein Bein zu heben und sich für die Damenwelt zu interessieren. Beschleicht Sie das Gefühl, Ihr Hund hat alle Kommandos vergessen und benimmt sich wie ein grober Klotz, ist er in der Pubertät. Dann stellt er alles in Frage und versucht, seinen eigenen Kopf durchzusetzen. Es wird Momente geben, da möchten Sie ihn am liebsten wieder abgeben. Aber keine Panik! Die Phase geht vorbei. Für Sie ist es jetzt wichtig, Geduld und Konsequenz zu zeigen, denn während der Pubertät wird noch einmal die Bindung verstärkt. Können Sie Ihrem Teenager jetzt vermitteln, dass Sie ein souveräner Rudelchef sind, haben Sie einen weiteren Grundstein für eine vertrauensvolle Mensch-Hund-Beziehung gelegt.

»Bei mir!« Noch hilft ein Leckerli dem jungen Racker, aufmerksam bei Frauchen zu sein. Der gemeinsame Ausflug ist so ganz entspannt und locker.

Trainingstipp: Üben Sie die geschlossenen Kommandos nur schrittweise und schrauben Sie die Anforderungen eventuell sogar ein wenig zurück. Setzen Sie die offenen Kommandos geduldig, aber konsequent durch. Hauptsache, Ihr pubertierender Junghund reagiert wie gewünscht und kommt auf »Zu mir!« zu Ihnen, auch wenn es länger dauert. Üben Sie regelmäßig und motivieren Sie Ihren Hund. Verschaffen Sie ihm Erfolge, indem er bekannte einfache Kommandos korrekt ausführen und dafür Lob und Leckerlis einstecken kann. Und bleiben Sie ganz gelassen.

Und weiter? Was Hänschen nicht lernt, lernt Hans nimmer mehr? Nein! Hat Ihr Hund erfahren, dass Herausforderungen immer mit Erfolg und Bestätigung enden, Sie nichts Unmögliches von ihm verlangen und es beim Training weder großen Druck noch Strafe gibt, lernt und arbeitet er gerne mit Ihnen – bis ins hohe Alter.

So fühlt Ihr Welpe sich bei Ihnen wohl

Mit dem Einzug bei Ihnen beginnt ein neuer Lebensabschnitt für das Hundekind. Bereiten Sie den Umzug gut vor, um ihm den Start in die gemeinsame Zukunft mit Ihnen so leicht wie möglich zu machen. Junge Hunde sind voller Energie und an allem interessiert. Sie können aber die Gefahren und Risiken unserer Welt nicht einschätzen. Begleiten Sie Ihren kleinen Racker daher verantwortungsvoll und umsichtig durch die ersten Wochen und Monate. Je unbeschwerter er sich in den ersten Monaten entwickeln darf, desto länger haben Sie Freude an einem gesunden Hund.

1 Heimweh vorbeugen: Damit dem Welpen die Trennung von der Mutter und den Geschwistern nicht so schwerfällt, können Sie ihm bei einem Ihrer letzten Besuche eine Decke geben, die er mit zu Ihnen nimmt. Wenn er dann im neuen Zuhause auf seiner Decke liegt, hilft ihm der vertraute Geruch über das erste Heimweh hinweg.

2 Grundausstattung: Wenn Sie den Welpen holen, ist er mindestens acht Wochen alt, bereits entwurmt und hat schon die ersten Impfungen bekommen. Zuhause angekommen findet er alles vor, was ein kleiner Hund braucht: Schlafplätze, Futter, Näpfe, Spielzeug und Kauartikel, Brustgeschirr und Leine.

3 Sicherheit: Machen Sie Wohnung und Garten welpensicher. Versperren Sie dazu die Treppen mit Gittern, halten Sie die Kellertür geschlossen und achten Sie darauf, dass alles außerhalb der Reichweite des Welpen ist, was giftig oder gefährlich sein könnte. Lassen Sie den Welpen nur mit Ihrer Katze oder Ihrem schon im Haushalt lebenden Hund zusammen, wenn Sie dabei sind.

4 Eingewöhnung: Lassen Sie den Kleinen ganz in Ruhe sein neues Zuhause erkunden. Zunächst nicht alles auf einmal, sondern nur das Zimmer, in dem seine Hundebox oder sein Schlafplatz stehen. In den ersten Tagen reicht es völlig aus, wenn er Stück um Stück Wohnung und Garten erforscht.
Gewöhnen Sie den Welpen an seinen Namen, indem Sie ihn oft damit ansprechen. Es ist wichtig, dass er jetzt alle Familienmitglieder kennenlernt und als neues Rudel akzeptiert. Laden Sie in den ersten Tagen nicht gleich alle Verwandten und Freunde zu sich ein, sondern stellen Sie ihm diese erst nach und nach vor.

5 Stubenreinheit: Gehen Sie jedesmal, wenn der Welpe auch nur kurz geschlafen, gespielt oder gefressen hat, mit ihm ins Freie. Er muss noch oft, stellen Sie sich notfalls einen Wecker und gehen Sie alle 20 Minuten mit ihm raus. Loben Sie ihn draußen nach jedem Häufchen und Pfützchen überschwänglich und geben Sie ihm ein Leckerli.
Haben Sie einen Garten, tragen Sie Ihren Welpen nicht nach draußen, sondern locken Sie ihn raus – außer auf Treppen, die sollten Sie ihn tragen. Er soll selbst laufen. So geht er dann später selbst zur Tür, wenn er muss. Vor allem in den ersten Tagen ist Eile angesagt, wenn der Kleine raus muss. Trotzdem kann noch ein Unfall passieren. Schimpfen Sie den Welpen dann nicht, sondern schauen Sie lächelnd darüber hinweg – nicht er war zu schnell, sondern Sie zu langsam ...

6 Ausruhen: Spielen Sie viel mit dem Kleinen, achten Sie aber bitte immer auf genug Ruhephasen. Erklären Sie auch Ihren Kindern, dass er noch viel Schlaf und Ruhe braucht und allzu wilde Spiele ihn überfordern. Fällt es Ihrem Welpen schwer, zur Ruhe zu kommen, können Sie der ganzen Familie eine Pause verordnen. Vielleicht gehen die Kinder dann ins Kinderzimmer und Sie lesen. So merkt der Welpe, dass er nichts versäumt und kann entspannt ausruhen oder schlafen. Es ist wichtig, dass der Welpe während des Schlafs nicht geweckt wird. Je öfters er aus dem Schlaf gerissen wird, desto unruhiger und nervöser wird der Hund auf Dauer.

7 Bewegung: Mit maßvoller Bewegung schonen Sie Gelenke und Sehnen des Welpen und beugen Erkrankungen vor. Sie überfordern Sie ihn nicht, wenn Sie die Spaziergänge in den ersten fünf oder sechs Wochen so planen: pro Wohe Lebensalter eine Minute. Mit 16 Wochen sind das 16 Minuten zwei- bis dreimal täglich. Mit sechs Monaten können es dann auch schon 45 Minuten sein, die weiter gesteigert werden. Nehmen Sie ihn nicht vor zwölf Monaten zum Joggen oder Radfahren mit. Lassen Sie ihn nicht aus erhöhter Position springen. Tragen Sie ihn auf Treppen und führen Sie ihn angeleint am Brustgeschirr (→ Seiten 75).

Süß! Überlegen Sie trotzdem vor dem Kauf, welcher Vierbeiner wirklich zu Ihnen und Ihren Lebensumständen passt. Je genauer Ihre und seine Vorlieben übereinstimmen, desto besser wird die Freundschaft sein.

11 KOMMANDOS TRAINIEREN

Zusammen Zeit verbringen, Neues lernen und Spaß haben. Beim Üben der 11 Kommandos werden Sie und Ihr Hund sich noch näher kommen.

DAS TRAINING VORBEREITEN: MIT SPASS ZUM ERFOLG

Zu einer guten Mensch-Hund-Beziehung gehören immer zwei: ein freudig arbeitender und gehorsamer Hund ebenso wie ein souveräner, freundlicher und konsequenter Mensch. Das funktioniert jedoch nur, wenn Sie Ihrem Hund mit Ihrer Konsequenz Sicherheit geben können und ihm dadurch ermöglichen, Ihnen Ihre Wünsche zu erfüllen. In der Theorie hört sich das immer ganz einfach an. Doch im Alltag ist es nicht immer leicht, konsequent zu sein, denn der Mensch ist hier und da vergesslich, unbedacht und manchmal auch bequem. Damit der Alltag mit Hund trotzdem funktioniert und Zwei- und Vierbeiner Freude am Miteinander haben,

können Sie die 11 Kommandos nutzen, um das Zusammenleben mit Ihrem Hund so zu gestalten, wie Sie es sich vorstellen, und dabei souverän und konsequent zu bleiben. Ihr Racker kann dann weder Ihre Vergesslichkeit noch Ihre Bequemlichkeit als Lücke im System erkennen und schon gar nicht für sich nutzen. Und Sie haben weniger Anlässe, ihn wegen eines unerwünschten Verhaltens zu korrigieren oder sich gar darüber zu ärgern. Bis es so weit ist, stehen noch einige Trainingseinheiten auf dem Programm. Doch dieses gemeinsame Arbeiten wird Sie und Ihren Hund einander näherbringen und sich viele Jahre lang auszahlen.

Relaxed im Alltag

Um Ihnen einen kleinen Vorgeschmack darauf zu geben, wie entspannt der Alltag mit Hund dank der 11 Kommandos werden kann, laden wir Sie ein, Tina Horns Tochter Tami und ihren Kleinspitz Socke auf einem Ausflug zu begleiten.

Mit Tami und Socke unterwegs

Socke freut sich. Denn Tami hat sich die Jacke angezogen und nimmt die Leine von der Garderobe. Socke hüpft vor lauter Begeisterung wie ein Gummiball im Flur herum, denn er weiß: »Jetzt machen wir einen Ausflug.« Mit einem kurzen »Setz dich!« weist Tami ihren quirligen Freund an, sich zu setzen und schwupps – klappt das Anleinen ganz problemlos. Dann machen die beiden sich auf den Weg und gehen durch ein Wohngebiet in Richtung Spielwiese. Tami möchte, dass Socke nicht an der Leine zerrt und in einem Radius von einem Meter mit ihr läuft. »Bei mir!« ist dafür genau das richtige Kommando. Plötzlich wird es eng, denn auf dem Gehsteig kommen ihnen drei Leute entgegen. Sicherheitshalber nimmt Tami Socke mit »Fuß!« ganz nah zu sich. Die Passanten honorieren diese rücksichtsvolle Geste mit einem freundlichen Gruß und einigen anerkennenden Worten über diesen wohlerzogenen Hund. Tami freut sich und löst das »Fuß!« auf. Mit einem »Bei mir« geht es locker weiter. Auf der Wiese angekommen, darf Socke mit seinen Hundefreunden spielen. Als es Zeit zum Weitergehen ist, ruft Tami »Zu mir!«. Socke dreht noch einen Kreis und kommt dann ganz schnell angerannt. Dafür wird er von Tami mit einem kurzen Zerrspiel belohnt. Tami beendet das Spiel mit dem Kommando »Aus!« und Socke bekommt ein Leckerli, weil er sofort losgelassen hat. Weiter geht es ohne Leine. Socke läuft ein gutes Stück voraus. Plötzlich sieht Tami Rehe, die Socke noch nicht bemerkt hat. Mit einem »Hier!« ruft sie ihn ab. Socke dreht sofort um, saust zu Tami und sitzt vor. Sie leint ihn an und Socke bekommt einen großen Keks, denn jedes erfolgreiche »Hier!« wird dick belohnt. Dann erlaubt sie ihm mit einem »Okay!«, aufzustehen. Ihr Spaziergang führt die beiden zu einem Café. Tami macht Pause und legt Socke mit einem »Leg dich!« neben ihren Tisch. Dann merkt sie, dass er etwas ins Maul genommen hat. »Pfui!«. Socke spuckt es wieder aus. Dafür gibt's ein Leckerli. Nach dem Cafébesuch geht es weiter durch die Stadt, Socke ist dabei angeleint. Vor dem Überqueren einer Straße soll Socke sich setzen und sitzen bleiben. »Sitz!«. Die Straße ist frei, und Tami erlaubt Socke mit einem »Bei mir!« das Weitergehen. Auf dem Gehsteig kommt ihnen ein Kind mit Fahrrad entgegen und schaut Socke ängstlich an. Tami sagt »Platz!« und Socke legt sich hin. Das Kind fährt vorbei, Tami löst das Kommando mit »Okay« auf, Socke steht auf und die beiden gehen nach Hause. Dort angekommen, springt Socke frech auf das Sofa. Ein deutliches »Nein!« und drunten ist er. Tami führt Socke zu seinem Körbchen und zeigt ihm so, wo er sich hinlegen darf. Schon bald ist Socke eingeschlafen und träumt von dem spannenden Ausflug.

Ob mit oder ohne Leine, ein gut ausgebildeter Hund bleibt auf Kommando in der Nähe seines Menschen.

Für das Leben lernen

Wie im Beispiel mit Tami und Socke werden auch Ihnen die 11 Kommandos im Alltag bald leicht umzusetzende Hilfsmittel sein, die Sie ganz selbstverständlich nutzen. Die vier offenen Kommandos verwenden Sie sicher häufiger, da diese in den meisten Fällen sinnvoller und dann auch konsequenter sind. Ihr Hund wird sie gerne ausführen, denn sie lassen ihm Spielraum, er fühlt sich nicht bedrängt und weniger gegängelt. Die geschlossenen Kommandos geben Sie seltener, achten dann auf die zuverlässige Ausführung und korrigieren den Hund, wenn das nötig ist. Sie haben die drei Regelkommandos »Nein!«, »Pfui!« und »Aus!« gut im Griff, denn Sie wissen genau, wann welcher Befehl richtig ist – und Ihr Hund weiß, was Sie von ihm erwarten.

Vertrauen dank 11 Kommandos

Damit auch Ihr Hund genau wie Socke dank der 11 Kommandos so entspannt durch das Leben gehen kann, werden diese vorher natürlich so lange geübt, bis sie für Ihren Vierbeiner selbstverständlich sind und er sie zuverlässig ausführt.

Tina hilft dem Vierbeiner mit dem richtigen Sichtzeichen, das Kommando »Platz!« auszuführen.

So vermeiden Sie von vorneherein Missverständnisse, die die Harmonie des Zusammenlebens trüben könnten. Und Ihr Hund wird spüren, dass Sie sich auf ihn verlassen und Ihnen umso mehr Vertrauen und Engagement zurückgeben.

So klappt es mit dem Lernen

Nutzen Sie die Stärken und das Lerntempo Ihres Vierbeiners, damit das Training ihm und Ihnen noch mehr Spaß macht – dann stellen sich auch schneller Erfolge ein. Gehen Sie mit Ihrem Hund spazieren, damit er sich lösen kann, bevor Sie mit dem Training starten. Spielen Sie zunächst mit ihm, denn so können Sie ihn gut auf das anstehende Training aufmerksam machen. Legen Sie auch während des Trainings Spielpausen ein, damit Ihr Hund zwischendurch abschalten und so neue Energie tanken kann.

Auf die Signale achten

Setzen Sie Ihre Körpersprache bewusst ein und geben Sie Kommandos nicht mit piepsiger Stimme, sondern sprechen Sie klar und deutlich, damit Ihr Hund Sie besser versteht. Üben Sie das gerne, wenn er nicht dabei ist. Hunde hören zwar gut, achten aber nicht nur auf die Worte, sondern auch auf die Aussprache. Bemerken Sie, dass Ihr Hund nicht mehr aufmerksam bei der Sache oder unsicher ist, sollten Sie das Training schnell beenden. Aber immer positiv, damit der gewünschte Lernerfolg nicht verloren geht. Geben Sie ihm daher zum Schluss eine leichte Aufgabe, die Sie bestätigen können. Ist Ihr Hund mit einer Übung überfordert, ist das kein Beinbruch. Gehen Sie im Übungsprogramm einfach wieder einen Schritt zurück, festigen und belohnen Sie das bisher Gelernte und steigern dann erneut. Nehmen Sie schon gut funktionierende Übungen nicht als selbstverständlich hin. Loben

Sie auch hierfür noch ausgiebig. Schauen Sie, was Ihr Hund Ihnen anbietet, und bestätigen Sie ihn dafür. Sie können gar nicht genug loben und bestätigen. Kleine Schritte, großer Erfolg – große Schritte, Misserfolg! Wenn Sie das immer vor Augen haben, kann nichts schiefgehen.

Abwechslungsreich üben

Bauen Sie die Übungen nie gleichförmig auf, sondern bieten Sie Ihrem Hund verschiedene Varianten an. Beenden Sie eine Übung unterschiedlich, damit er interessiert bleibt und neugierig auf neue Infos von Ihnen wartet. Wird eine Übung zum Beispiel immer nach dreimaligem Belohnen beendet, wird sich der Hund sehr schnell nach der dritten Belohnung ausklinken, da die Übung aus seiner Sicht beendet ist.

Das Richtige belohnen

Belohnen Sie immer nur das gewünschte Verhalten, niemals eine Korrektur, damit der Hund nicht falsch verknüpft. Wenn er etwa aus einer Sitz-Übung aufsteht, zurückgesetzt wird und dann sofort eine Belohung bekommt, weil er sich wieder hingesetzt hat, wird er immer wieder aufstehen. Denn er verknüpft: »Ich stehe auf, werde wieder hingesetzt und bekomme dafür Futter. Also stehe ich gleich wieder auf, denn so erhalte ich noch viel mehr Futter.«

Gestreichelt wird später

Fassen Sie Ihren Hund während des Trainings nicht an und drücken Sie ihn schon gar nicht in eine bestimmte Position. Streicheln Sie ihn auch nicht: Stellen Sie sich vor, Sie sitzen am Schreibtisch und arbeiten konzentriert. Plötzlich kommt jemand und streichelt Ihnen über den Kopf. Selbst wenn es Ihr wohlmeinender Partner ist, wird es Sie aus dem Konzept bringen.

In dieser Situation will Tina sich nicht um den Hund kümmern und das Kommando weder kontrollieren noch korrigieren. Ein »Leg dich!« reicht hier völlig aus.

Schwierige Phasen meistern

Suchen Sie Fehler nie bei Ihrem vierbeinigen Schüler. Weder macht er bewusst etwas falsch, noch möchte er Sie ärgern. Im Gegenteil, er wird immer sein Bestes geben. Wenn das nun gerade nicht das ist, was Sie von ihm erwarten, hilft es Ihnen weiter, wenn Sie überlegen, woran es liegen könnte: Sind die Anforderungen vielleicht zu hoch, ist die Ablenkung zu groß oder stimmt Ihre Körpersprache nicht? Versetzen Sie sich in Ihren Hund und suchen Sie das Problem. Aus der Sicht des Vierbeiners stellt sich vieles anders dar, als Sie es wahrnehmen. Wenn ihm eine Übung einmal besonders schwerfällt, können Sie ihm auch mit besonderen Leckerlis über diese schwierige Phase hinweghelfen. Dann bieten sich etwa kleine Stückchen Wiener Würstchen oder etwas Käse an – Sie wissen schon, wofür Ihr Hund sich ganz besonders anstrengt.

Alle Kommandos im Überblick

Bevor Sie mit dem Training starten, haben Sie hier noch einmal eine Übersicht der 11 Kommandos. So erhalten Sie einen Eindruck von dem Programm, das Sie und Ihr Hund nach dem Training leisten können und das Ihnen fortan den Alltag viel leichter machen wird. Sie werden sicherlich viel Freude an den Übungen haben. Denn die offenen Kommandos sind leicht und schnell zu lernen und so stellen sich rasch erste Erfolge ein. Und wenn Ihr Vierbeiner alle offenen Kommandos kann, macht er auch bei den darauf aufbauenden geschlossenen zügig Fortschritte.

1 offen: »Zu mir!« Der Hund soll zu Ihnen kommen. Schnüffelt er noch einmal kurz, bleiben Sie geduldig. Er muss keine festgelegte Position bei Ihnen einnehmen, darf rechts oder links von Ihnen sitzen, liegen oder stehen. Hauptsache, er ist bei Ihnen. Sie lösen das Kommando nicht auf.

2 geschlossen: »Hier!« Der Hund soll zielgerichtet und zügig zu Ihnen kommen. Dabei soll er immer Blickkontakt mit Ihnen halten und korrekt vorsitzen. Sie lösen das Vorsitzen mit »Okay« oder einem Folgekommando auf.

3 offen: »Bei mir!« Der Hund bewegt sich in einem Radius von etwa einem Meter vor oder hinter Ihnen, rechts oder links um Sie herum. Er muss keinen Blickkontakt halten. Der Vierbeiner kann dabei angeleint sein oder frei laufen. Sie lösen das Kommando nicht auf.

4 geschlossen: »Fuß!« Der Hund soll mit oer ohne Leine zuverlässig direkt bei Ihnen gehen. Seine Schulter befindet sich auf Höhe Ihres Knies oder Fußknöchels. Er konzentriert sich auf Sie und sucht Ihren Blickkontakt. Sie lösen das Kommando auf.

5 offen: »Setz dich!« Der Hund soll sich setzen. Er darf dabei seine Position frei wählen. Sie lösen das Kommando nicht auf.

6 geschlossen: »Sitz!« Der Hund setzt sich an der ihm zugewiesenen Stelle und bleibt dort so lange zuverlässig sitzen, bis Sie das Kommando auflösen.

7 offen: »Leg dich!« Der Hund legt sich hin. Er darf seine Position selbst wählen. Sie lösen das Kommando nicht auf.

8 geschlossen: »Platz!« Der Hund legt sich an die ihm zugewiesene Stelle und bleibt dort so lange liegen, bis Sie den Befehl auflösen.

9 Regelkommando: »Nein!« Der Hund lässt sofort von seiner Tätigkeit ab: Er hört auf, an Gästen hochzuspringen, an Pflanzen zu nagen oder auf dem Sofa zu liegen. Hat er das Kommando häufiger bei dem immer selben Verhalten bekommen, lernt er schnell, dass es generell nicht gewünscht ist.

10 Regelkommando: »Pfui!« Ihr Hund spuckt Dinge, die er im Maul hat, sofort aus, ob geklaute Lebensmittel, auf dem Boden liegende Buntstifte oder Unrat. Dieses Kommando kann ihm notfalls sein Leben retten.

11 Regelkommando: »Aus!« Der Hund lernt, Dinge, die er im Maul hat, loszulassen, wenn Sie sie nehmen möchten. Das gilt für sein Lieblingsspielzeug, Putzlumpen etc.

Stimmen Sie Art, Dauer und Ort des Trainings auf das jeweilige Alter und den Ausbildungsstand Ihres Hundes sowie den Schwierigkeitsgrad der Übung ab. So sollte die Umgebung den Hund möglichst wenig ablenken, wenn Sie mit einer neuen Übung beginnen oder diese hohe Konzentration vom Vierbeiner verlangt. Für den Anfang bieten die Wohnung oder der eigene Garten die nötige Ruhe. Je besser der Vierbeiner die Übung beherrscht, desto größer kann auch die Ablenkung sein. Achten Sie jedoch immer auf eine entspannte Arbeitsatmosphäre.

Üben Sie zunächst die offenen Kommandos in drei, vier Trainingseinheiten pro Tag. Sinnvoller sind kleine Trainingseinheiten von etwa drei oder vier Minuten, in denen Sie je eine Übung mit Ihrem Hund machen. Sind die einzelnen Kommandos gefestigt, können Sie diese miteinander kombinieren.

Wenn Ihr Vierbeiner die offenen Kommandos aus dem Effeff kann, geht es weiter mit den geschlossenen. Da dabei Ausdauer und Geduld gefragt sind, dürfen die Übungseinheiten länger sein, jedoch sind 15 Minuten völlig ausreichend.

Achten Sie zwischendurch immer wieder auf Ihre Körpersprache: Gelingt es Ihnen, diese bewusst einzusetzen und Ihren Hund damit in der gewünschten Weise zu unterstützen?

Die Regelkommandos üben Sie von Anfang an, wann immer es sich ergibt.

Tiefes Vertrauen kann nur entstehen, wenn Mensch und Hund wissen, dass sie sich aufeinander verlassen können. Deshalb ist das gründliche Training der Kommandos so wichtig – mit Verständnis, Geduld und Spaß.

Kommando-Trainingsplan

Auf den folgenden Übungsseiten stehen sich jeweils das offene und das geschlossene Kommando gegenüber. Dies ist jedoch nicht die Reihenfolge, in der die Übungen trainiert werden. Warum das so ist, erläutert Ihnen der Trainingsplan unten. Vergessen Sie bitte nicht, dass es nicht nur gute Tage gibt, sowohl für den Mensch als auch für den Hund. Sind Sie unkonzentriert, abgelenkt oder lustlos, verschieben Sie das Training auf morgen – damit es wieder Freude macht. Packen Sie ausreichend Leckerlis ein, vergessen Sie das Spielzeug nicht und nun viel Spaß beim gemeinsamen Üben!

1 **»Zu mir!«** Dieses wichtige Kommando lernt der Hund als Erstes, da es seiner Sicherheit dient. Außerdem ist es unerlässlich für das Training aller weiterer Kommandos, dass er gerne zu seinem Menschen kommt.

2 **»Bei mir!«** Üben Sie dieses Kommando frühzeitig, da Sie mit Ihrem Hund – egal, ob er ein Welpe oder schon älter ist – gelegentlich an einer Straße gehen müssen. Einem unsicheren Hund geben Sie dann Sicherheit.

3 **»Leg dich!«** Viele Hunde setzen sich automatisch hin. Deshalb üben Trainer oft zuerst das Hinsetzen. Die so trainierten Hunde nehmen aber auch bei einem »Platz!« zunächst das Hinterteil nach unten und gehen dann erst mit den Vorderbeinen runter. Tina Horn übt das andersrum, denn der Hund soll von Anfang an lernen, sich aus dem Stehen richtig hinzulegen: erst die Vorderbeine runter, dann den Po. Vorteil: Sehen Sie später vor Ihrem Hund ein Reh und rufen »Platz!«, fällt der Hund vorne sofort nach unten und kann dadurch auch das Reh nicht mehr sehen. Oft wird zuerst »Sitz!« und dann »Platz!« geübt, weil es dem Hund leichter fällt. In einer Stresssituation ruft niemand erst »Sitz!« und dann »Platz!«, also muss ein Hund das korrekte »Platz!« können. Auch deshalb beginnen wir mit dem schweren »Leg dich!«.

4 **»Setz dich!«** Sobald Ihr Hund Sie voller Erwartung ansieht, geht auch schon der Po nach unten. Dieses Kommando lernen Hunde wirklich leicht.

5 **»Fuß!«** Nachdem er nun alle offenen Kommandos kann, üben Sie die geschlossenen mit ihm. »Fuß!« kommt als Erstes, da Sie es für das »Platz!« und das »Sitz!« brauchen. »Fuß!« bietet sich auch als erstes geschlossenes Kommando an, da es langsam aufgebaut werden muss und so einen soliden Grundstein für die restlichen Kommandos legt. Beherrscht Ihr Hund die Grundstellung bei »Fuß!« und geht sicher einige Schritte mit, starten Sie mit »Platz!« und machen dann mit »Sitz!« weiter. Parallel können Sie die Wendungen beim »Fuß!« üben.

6 **»Platz!«** wird vor »Sitz!« geübt, genau wie das »Leg dich!« vor dem »Setz dich!«. Sie müssen sich im Alltag blind auf das »Platz!« verlassen können, haben Sie daher viel Geduld und geben Sie sich viel Mühe. Bleibt der Hund im »Platz!« bereits sicher ein oder zwei Minuten liegen, folgt »Sitz!«. Warten Sie mit »Platz!« aus der Bewegung, bis Ihr Hund länger sicher liegen bleibt und sich bei jedem Kommando »Platz!« auch hinlegt. Üben Sie »Platz!« aus der Bewegung, holen Sie den Hund noch immer ab.

7 »Sitz!« wird vor dem »Hier!« geübt, denn aus dem »Sitz!« rufen Sie Ihren Hund niemals. Deshalb soll er noch kein Kommando kennen, das ihn aus einer Warteposition ruft. Setzt sich der Hund zuverlässig hin und bleibt bereits geduldig sitzen, können Sie mit »Sitz!« aus der Bewegung starten.

8 »Hier!« Das lernt Ihr Hund am Schluss, wenn er zuverlässig liegen bleibt. Üben Sie es zu früh, fällt es ihm schwer, ein »Platz!« zu halten. Zeigen Sie ihm daher auch das Heranrufen aus dem Liegen mit »Hier!« erst dann, wenn er das »Platz!« fehlerfrei befolgt. Sonst wartet er später nicht, bis Sie es auflösen.

Kann Ihr Hund »Fuß!«, »Platz!« und »Hier!«, folgt die Königsdisziplin: »Fuß!« mit »Platz!« aus der Bewegung und der Abruf »Hier!«.

Sichtzeichen sind Führhilfen. Wir verwenden sie, um den Vierbeinern das Erlernen der Kommandos zu erleichtern, denn Körpersprache ist stärker als Worte. So lernen sie die offenen Kommandos. Beim Erlernen der geschlossenen Kommandos werden dieselben Sichtzeichen verwendet. Das macht das Wiedererkennen einfach. Die Hunde wissen aber bald, dass nun in Verbindung mit dem neuen verbalen Kommando anderes – korrektes – Arbeiten von ihnen verlangt wird. Dann werden die Sichtzeichen abgebaut.

Der Vierbeiner soll seine Position halten. Geben Sie ihm daher keinen Grund aufzustehen oder sich nach dem Leckerli zu strecken, und belohnen Sie die Kommandos »Leg dich!« und »Platz!« unten am Boden.

HERANKOMMEN: VOM »ZU MIR!« ZUM »HIER!«

Das Kommando, mit dem Sie Ihren Hund zu sich rufen, ist das wichtigste, das Sie haben. Es kann im wahrsten Sinn des Wortes lebenswichtig sein, denn es dient zum Schutz von Hund, Mensch und Umwelt. Trotzdem unterscheiden wir auch hier in ein offenes und ein geschlossenes Kommando. Denn im Alltag erwarten wir verschiedene Verhaltensweisen von unseren Hunden. Rufen Sie Ihren Vierbeiner zu Hause von einem Zimmer ins andere, besteht weder Gefahr noch verlangen Sie, dass er vorsitzt und wartet, bis Sie ihn wieder gehen lassen. Dort lösen Sie das Kommando auch nicht auf, sondern lassen den Hund selbstständig wieder gehen. Kommt

Ihnen aber beim Spaziergang ein Traktor entgegen, besteht Gefahr. Also rufen Sie Ihren Hund und wünschen, dass er sofort kommt und zuverlässig bei Ihnen bleibt, bis Sie ihn wieder ziehen lassen. Wenn ein Hund in allen Situationen mit demselben Kommando oder nur mit seinem Namen herangerufen wird, weiß er nicht, wann welches Verhalten von ihm erwartet wird. Das Rufen vieler Hundehalter unterscheidet sich je nach Situation nur durch die Lautstärke und die steigende Anzahl der Wörter: Vom freundlichen »Benny« oder »Benny, komm!« bis zum panisch gebrüllten »Benny, komm jetzt sofort hierher zu mir verflixt noch mal!« ist alles möglich.

Eindeutig rufen

Für Benny ist das allerdings wenig verständlich. Wird er dann das eine Mal geschimpft, wenn er nicht sofort kommt, das andere Mal aber nicht, weiß er gar nicht, was von ihm erwartet wird. Und kommt dann lieber gar nicht mehr. Das wiederum kann bei der Begegnung mit einem Traktor schlimme Folgen haben.

Für jede Situation passend

Es ist besser, zwei unmissverständliche Kommandos zu verwenden, die Ihrem vierbeinigen Freund klar und eindeutig sagen, was Sie von ihm erwarten: in lockeren Situationen ein offenes »Zu mir!« und wenn es ernst wird, ein geschlossenes »Hier!«. Selbstverständlich können Sie beiden Kommandos auch den Namen Ihres Hundes voran- oder nachstellen. Ruft ein Hundehalter nur den Namen seines Hundes, erwartet er wie bei einem »Zu mir!« meist lediglich ein entspanntes Herankommen. Das ist in Ordnung und die meisten Vierbeiner haben das schnell verstanden. Trotzdem sollte das »Zu mir!« immer wieder verwendet werden, damit der Hund es nicht verlernt und denkt, er wäre bei diesem Kommando gar nicht angesprochen.

»Zu mir!« statt »Komm!«

Warum empfehlen wir, Hunde mit einem »Zu mir!« zu rufen und nicht mit einem »Komm!«? Die Antwort ist einfach: »Zu mir!« hört sich immer freundlicher und einladender an als ein »Komm!«. Denn »Komm!« wird von vielen Hundehaltern sehr kurz und hart gerufen. Vor allem Männern fällt es schwer, dieses Wort freundlich auszusprechen. Dafür können sie gar nichts. Ihre tieferen Stimmen, das kurz gesprochene »o« und die beiden Konsonanten »m« lassen das Wort einfach mürrisch klingen. Zwar kann auch ein »Zu mir!« unfreundlich ausgesprochen werden, doch dafür muss man sich schon sehr viel Mühe geben bzw. sehr schlechte Laune haben. Meist klingt es freundlich und einladend und veranlasst den Hund, gerne zu kommen.

Der Trick mit dem »i«

Vor allem jungen Hunden hilft ein helles, quietschig gerufenes »i«. So reagieren Welpen auch besonders gut auf einen Hundenamen, der auf »i« endet. Viele Züchter rufen ihre Kleinen deshalb zunächst einfach nur »Baby«. Nun haben Sie Ihrem jungen Hund aber schon einen Namen ohne »i« gegeben? Kein Problem. Auch Tina Horns Hunde haben Namen ohne diesen Vokal. Socke heißt einer von ihnen. Am Anfang hat Tina ihm einfach einen Spitznamen gegeben: »Socke-Teddy!«. Jetzt ist er erwachsen und kommt auf »Socke!« hin ebenso freudig zu seinen Menschen zurück wie auf »Socke-Teddy!« oder ein offenes »Zu mir!«.

Nähern sich Kinder, rufen Sie Ihren Hund mit »Hier!« zu sich zurück. Kommt er zielgerichtet und schnell zu Ihnen, belohnen Sie ihn sofort mit Leckerlis und Spiel.

| Schritt | 1 | Heranrufen |

| Schritt | 2 | Leckerli zeigen |

»Zu mir!« Schritt für Schritt

Das Kommando »Zu mir!« lernen Hunde recht schnell und auf sehr einfache Weise – auch Ihrer. Denn Sie nutzen dabei das Verhalten, das Ihr Vierbeiner von sich aus immer wieder anbietet.

Den Hund einladen

Bringen Sie Ihrem Hund zunächst nur bei, sein Verhalten und Ihr Kommando richtig miteinander zu verknüpfen.

1 Ihr Hund ist in der Wohnung oder im Garten von sich aus zu Ihnen unterwegs. Wenn er nicht mehr weit weg ist, geben Sie diesem Verhalten ein passendes Kommando: »Zu mir!« Sagen Sie es freundlich, damit Ihr Hund gerne zu Ihnen kommt. Unterstützen Sie das Kommando mit Ihrer Körpersprache. Stellen Sie sich dazu seitlich hin und zeigen Sie Ihrem Hund einladend eine Schulter.

2 Das Leckerli haben Sie schon in der Hand, bevor Sie den Hund rufen. Strecken Sie es ihm entgegen und geben so das Ziel vor.

3 Ist der Hund bei Ihnen angekommen, erhält er sofort seine Belohnung sowie ein freudiges Lob. Gehen Sie dabei in der Anfangsphase in die Knie und belohnen ihn von unten. Denn schnelles Belohnen ist wichtig, damit der Hund richtig verknüpft und Sie den gewünschten Lernerfolg bestätigen. Würden Sie mit dem Leckerli in der Hand stehenbleiben, schaut der Hund eventuell nach oben und setzt sich sofort hin. Belohnen Sie ihn dann, bestätigen Sie nicht sein Kommen, sondern sein Setzen. Und wenn zwischen Setzen und Belohnen noch einige Sekunden vergehen, erhält der Hund die Bestätigung fürs Warten. Wenn er aber nicht fürs Kommen belohnt wird, sondern erst fürs Setzen oder Warten, warum soll er dann kommen?

○ offen ● geschlossen

| Schritt | 3 | Mit Leckerli belohnen |

| Schritt | 4 | Mit Spiel belohnen |

4 Sie wollen Ihren Hund nicht für jedes Kommen mit einem Leckerli bestätigen? Das müssen Sie auch nicht, denn mit Spielzeug können Sie Ihren Vierbeiner ebenfalls hervorragend belohnen. Rufen Sie Ihren Hund dann zu sich und spielen Sie nah an Ihrem Körper mit ihm. Sie dürfen das Spielzeug keinesfalls von sich wegwerfen! Denn damit würden Sie Ihren Hund wieder von sich wegschicken. Ihr Ziel ist es aber, ihn für sein Kommen zu belohnen. Durch das Bestätigen mit Spielzeug lernt Ihr Hund, dass er viel Spaß mit Ihnen hat. Und für Spiel und Spaß mit dem Zweibeiner lohnt sich das Kommen ebenso wie für Futter.

Zuverlässig herankommen

Tina Horns Hunde kommen immer auf ihren Ruf. Sie wissen, dass sie belohnt werden, denn Tina belohnt jedes Kommen. Wir haben verschiedene Hundebesitzer gefragt, ob ihr Hund zuverlässig auf das erste Rufen zu ihnen kommt, und dabei Interessantes erfahren: Kommt der

Hund selten und ungern, so belohnen die Besitzer auch nie. Kommt er manchmal, belohnen auch die Besitzer manchmal. Kommt der Hund immer, belohnen auch die Besitzer immer. Bestätigen Sie Ihren Hund daher vor allem in der Anfangsphase des Trainings ausreichend. Wird das versäumt, verspürt er beim Üben nicht ausreichend Erfolg, um das von Ihnen gewünschte Verhalten zu vertiefen oder auszuprägen. Er sieht im Kommen ganz einfach keinen Sinn. Für Beute dagegen lohnt es sich immer zu kommen. Die alternative Bestätigung mit Lob und Streicheleinheiten bringt gerade bei jungen Hunden meist nur dann Erfolg, wenn es auf dem Weg zu Ihnen nichts Spannenderes gibt.

Ist das Kommen gefestigt, bleiben Sie beim Abrufen natürlich stehen. Achten Sie aber immer auf die einladende Körperhaltung und vergessen Sie das Belohnen nicht. Bei einem erfahrenen Hund reicht dann auch einmal ein Lob, doch sollte auch er immer wieder mit Leckerlis oder einem Spiel belohnt werden. So weiß er nie genau, mit was er nun belohnt wird. Aber er weiß, dass es sich lohnt, zu Ihnen zu kommen.

○ offen ● geschlossen

»Zu mir!« festigen

Rufen Sie Ihren Hund immer dann heran, wenn er sich zu weit entfernt. Da Sie den Ausbildungsstand Ihres Hundes am besten kennen, wissen Sie auch, auf welche Entfernung Sie noch auf ihn einwirken können. Je näher Ihr Vierbeiner bei Ihnen ist, desto einfacher können Sie Einfluss auf ihn nehmen. Erhöhen Sie daher den Abstand zu Ihrem Hund nur langsam – außer Sicht- oder gar Rufweite darf er jedoch nie laufen. Damit Sie das Zurückkommen weiter festigen, sollten Sie Ihren Hund auch dann heranrufen, wenn keine Spaziergänger, andere Hunde etc. zu sehen sind. Wenn Sie ihn nur bei solcher Ablenkung rufen, verbindet er schnell: »Ich werde gerufen. Da muss was Interessantes sein!« Rufen Sie ihn auch einmal laut und mit gestresster Stimme. Auch dann soll er keine Ablenkung suchen.

Wenn der Vierbeiner nicht kommt

Ihr Hund läuft vor Ihnen auf dem Weg. Sie rufen ihn. Er kommt nicht, sondern schnüffelt. Sie rufen noch einmal. Er kommt, bleibt auf halbem Weg stehen und schnüffelt wieder. Sie sind ein geduldiger Mensch und rufen ein drittes Mal. Was lernt Ihr Hund? Er lernt, dass er sich Zeit lassen kann, weil Sie auf ihn warten. Wenn Sie ihm beim Schnüffeln auch noch zusehen und ihm Ihre Körperfront zeigen, die sagt »Bleib!«, ist für ihn die Welt in Ordnung. Warum soll er kommen? Fordern Sie Ihren Hund immer nur einmal auf, zu Ihnen zu kommen. Er hat Sie schon verstanden. Warten Sie kurz, drehen Sie sich dann um und gehen in die andere Richtung. Ihr Rücken sagt, »Folge mir!« und Ihr Hund lernt, dass nicht auf ihn gewartet wird. Wenn er dann zu Ihnen kommt, belohnen Sie ihn.

Der Hund auf Abwegen

Ihr Hund ist doch einmal außer Sichtweite und stromert im Wald herum. Rufen Sie gerne ein wenig lauter, aber auch jetzt keinesfalls öfter als einmal. Denn während Sie ihn immer wieder rufen, kann er gelassen weiterstromern. Er muss sich keine Sorgen machen, allein zurückgelassen zu werden. Er weiß ja, wo Sie sind. Sie zeigen ihm brav Ihren Standort an – wie eine Heulboje auf offener See. Also kann er seelenruhig weiter seiner vorwitzigen Nase folgen, denn er hört ja, dass Sie in der Nähe sind. Hat Ihr Hund das einmal gelernt, wird er in Zukunft selbst entscheiden, ob und wann er kommt. Besser: Bleiben Sie stehen, warten Sie auf Ihren Hund, aber verhalten Sie sich ruhig – auch wenn es schwerfällt.

Ein verlässliches Herankommen ist für den Hund die Eintrittskarte in die große, weite Welt. So steht einem entspannten Laufen ohne Leine nichts im Weg.

Machen Sie sich interessanter als die Kühe: Rufen Sie den Hund, drehen Sie sich um und laufen los!

Ihr Hund wird sein Leben lang immer wieder einmal testen, ob Sie Ihr »Zu mir!« tatsächlich ernst meinen. Dann heißt es für Sie: freundlich bleiben, aber konsequent! Rufen Sie ihn einmal, warten Sie kurz, drehen Sie sich dann um und gehen Sie weg. Folgt er Ihnen, wird er mit Leckerlis und Spiel belohnt. Bis ins hohe Alter.

Laufen Sie weg

Um Ihren Hund auch in schwierigen Situationen zum zuverlässigen Kommen zu animieren, ist das Von-ihm-Weglaufen eine hervorragende Sache. **Übung:** Sie stehen seitlich und rufen den Hund. Sobald er zu Ihnen schaut, drehen Sie sich von ihm weg und laufen los. Der Hund wird so aufgefordert, hinter Ihnen herzulaufen. Rennt er, unterstützen Sie das durch ein lautes »Lauf, lauf, lauf« oder »Jui, jui, jui« und feuern ihn wie bei einem Wettrennen an. Ist er bei Ihnen, bekommt er reichlich Belohnung. Betrachten Sie das nicht als peinliche Übung, auch wenn Passanten Ihnen zusehen. Es ist ein Spiel, das viel Schwung und Abwechslung in jeden Spaziergang bringt. Die Hund-Mensch-Bindung wird gestärkt. Und Ihr Vierbeiner lernt, dass er den größten Spaß dann hat, wenn er mit Ihnen zusammen ist.

In kritischen Momenten

Befinden Sie sich wirklich in einer Notsituation, sollten Sie nicht wie angewurzelt stehenbleiben. Schauen und schreien Sie auch nicht Ihrem Hund hinterher. Besser ist es, Sie drehen sich um, rennen in die entgegengesetzte Richtung und rufen. Wedeln Sie gerne mit dem Spielzeug und machen Sie richtig Party. Ihr Hund wird auf Sie aufmerksam und erinnert sich, dass es sich lohnt zu Ihnen zu kommen. So haben Sie die größten Chancen, Ihren Hund vor einem Traktor zu bewahren – oder einen Hasen vor Ihrem Hund. Das klappt aber nur, wenn Sie für Ihren Hund wirklich interessant sind.

○ offen ● geschlossen

Schritt **1** Das Leckerli zeigen

Schritt **2** Halsband greifen und belohnen

»Zu mir!«: Richtig anleinen

Sie rufen Ihren Hund während eines Spaziergangs immer wieder ab und belohnen ihn jedes Mal, damit er gerne und zuverlässig zu Ihnen kommt. Klar, dass er irgendwann auch wieder an die Leine muss. Das soll aber kein Grund zur Traurigkeit sein. Ihr Hund soll gerne kommen, auch wenn er wieder angeleint wird. Denn die Leine ist keine Strafe, sondern nur ein Hilfsmittel, damit Sie Ihren Hund absolut zuverlässig bei sich haben. Das Anleinen und das Laufen an der Leine sollen für Ihren Hund keine unangenehmen Erfahrungen sein, die ihn dazu verleiten, lieber doch nicht zu Ihnen zu kommen.

Anleinen ist keine Strafe

Leinen Sie Ihren Vierbeiner während eines Spaziergangs immer wieder einmal an, auch wenn niemand kommt und keine Ablenkung in der Nähe ist. Spielen Sie mit ihm an der Leine oder machen Sie Übungen, die Sie mit Leckerlis belohnen. Leinen Sie ihn dann wieder ab und schicken ihn erneut zum Sausen los. So wird das Anleinen gar nichts Besonderes, sondern es gehört einfach zu einem Spaziergang dazu. Würden Sie Ihren kleinen Schlauberger jedoch immer nur dann anleinen, wenn Passanten kommen oder sich etwas nähert, das den Hund zu sehr von Ihnen ablenkt, wird er sehr schnell lernen: »Ich werde immer dann angeleint, wenn es spannend wird.« Daraufhin wird er sich umschauen und den Grund des Anleinens suchen. Sieht er nichts, wird er sich überlegen, ob es überhaupt nötig ist, zu Ihnen zu kommen. Und sieht er etwas, geht womöglich seine Neugierde mit ihm durch. Ihr Hund soll aber immer zuverlässig zu Ihnen kommen und sich jederzeit gerne anleinen lassen. Also vermitteln Sie ihm, dass an der Leine der Spaß nicht vorbei ist. Ganz im Gegenteil! Ihr Hund soll lernen, dass er auch Spaß mit Ihnen hat, wenn er angeleint ist.

○ offen ● geschlossen

Schritt 3 — Anleinen

Schritt 4 — Spielen

So macht das Anleinen Spaß

Trainieren Sie mit Ihrem Vierbeiner das Anleinen genau wie ein Kommando, damit er es als etwas ganz Selbstverständliches erlebt.

1 Wenn Ihr Hund zu Ihnen kommt, liegt die Leine noch auf dem Boden. Er soll aber schon direkt bei seiner Ankunft merken, dass Sie ein Leckerli in der Hand haben. Vermeiden Sie es, sich über den Hund zu beugen. Bei kleinen Hunden ist es sogar besser, in die Hocke zu gehen. Denn gerade sie fühlen sich von uns Menschen oft bedrängt und reagieren mit Abducken. Hier sind viel Vorsicht und Sensibilität gefragt. Je besser Sie Ihren Hund kennen, desto besser können Sie dabei gezielt Ihre Körpersprache einsetzen.

2 Geben Sie das Leckerli fürs Kommen erst dann frei, wenn der Hund dicht bei Ihnen ist und Sie eine Hand sicher am Halsband haben. Beugen Sie sich auch dabei nicht über den Vierbeiner, sondern greifen Sie von unten nach dem Halsband.

3 Nehmen Sie die Leine auf, führen Sie Ihre Hand von unten an das Halsband und befestigen Sie den Karabiner am Ring des Halsbands – so fühlt Ihr Hund sich auch während des Anleinens nicht von Ihnen bedrängt. Trägt er ein Brustgeschirr statt eines Halsbands? Versuchen Sie ebenfalls, sich beim Anleinen nicht über den Hund zu beugen. Führen Sie den Karabiner dann seitlich zum Befestigungsring des Geschirrs.

4 Sobald der Hund an der Leine ist, spielen Sie mit ihm.

Das Suchspiel: Verstecken Sie sich zu Hause und später hinter einem Baum in sicherem Gelände. Draußen sollte Ihr junger Hund nur ein kurzes Stück entfernt sein. Er wird schnell merken, dass er Sie verloren hat, und Sie suchen. Lassen Sie ihm etwas Zeit. Dann kommen Sie aus Ihrem Versteck hervor und rufen freundlich »Zu mir!«. Findet er Sie vorher, freuen Sie sich ausgiebig. Eine Belohnung gibt es nach jeder Suche und für jedes Kommen. So lernt er, auf Sie zu achten.

○ offen ● geschlossen

Schritt **1** Schleppleine

Schritt **2** Den Hund rufen

Schritt **3** Hund belohnen

»Zu mir!« mit Schleppleine üben

Das Training mit einer bis zu zehn Meter langen Leine bietet sich bei Hunden an, die nicht zuverlässig auf ein »Zu mir!« oder »Hier!« reagieren. Verwenden Sie eine etwas breitere Schleppleine, die schmalen können Verletzungen verursachen, wenn sie sich um die Beine wickeln.

Schritt für Schritt zum Freilauf

Eine Schleppleine sichert den Hund dort, wo er sonst frei laufen könnte, wie auf einer Wiese. Sie soll aber kein Dauerzustand sein und dient nur dem Training. Gehen Sie spazieren, leinen Sie Ihren Hund zu Hause mit der kurzen Leine an und nehmen die Schleppleine mit. Statt den Hund auf der Wiese frei laufen zu lassen, wechseln Sie zur Schleppleine. Sobald Sie unterwegs Ihren sonst frei laufenden Hund anleinen würden, wechseln Sie zur kurzen Leine. Würden Sie ihn wieder ableinen, nutzen Sie die Schleppleine.

1 Der Hund zieht die Schleppleine am Boden hinter sich her, Sie halten sie nur an der Schlaufe fest. Achten Sie darauf, dass Ihnen die Leine nicht aus der Hand rutscht, wenn der Hund losrennt. Und halten Sie sie nicht kurz, eine Schleppleine ist keine Führleine.

2 Rufen Sie Ihren Hund heran, sobald er sich zu weit von Ihnen entfernt – warten Sie nicht, bis er in die Leine gelaufen ist. Sonst lernt er: »Wenn ich ziehe, werde ich gerufen und belohnt.« Der Vierbeiner soll durch das Abrufen lernen, wie weit der Abstand zu seinem Menschen sein darf. Er soll sich später auch ohne Leine nicht weiter entfernen.

3 Kommt der Hund auf Ihr »Zu mir!«, wird er mit Leckerlis und ausgiebigem Spiel belohnt.

4 Kommt er nicht auf Ihren Ruf, wechseln Sie sofort die Richtung und lassen ihn in die

| Schritt | 4 | Von vorne | Schritt | 5 | Leine abschneiden | Schritt | 6 | Die letzte Phase |

Leine laufen. So wird er aufmerksam. Wenn er sich jederzeit abrufen lässt und nicht mehr in die Leine läuft, können Sie die Schleppleine fallen lassen. Achten Sie darauf, dass Sie zur Sicherung jederzeit auf sie treten können. Müssen Sie nicht mehr auf die Leine treten, schneiden Sie die Schlaufe ab. Dann kann der Hund nicht damit hängenbleiben.

5 Er schleppt nun die Leine hinter sich her. Lässt er sich weiter zuverlässig abrufen, greifen Sie wieder zur Schere und schneiden einen Zentimeter Leine ab. Bleibt das Training erfolgreich, schneiden Sie eine Woche später erneut einen Zentimeter ab. Gibt es Rückschritte, warten Sie. Je länger die Leine, desto leichter können Sie den Hund sichern.

6 Reagiert Ihr Vierbeiner zuverlässig auf Ihr Rufen, schneiden Sie die Leine Woche für Woche einen Zentimeter kürzer, bis nur noch zehn Zentimeter übrig sind. Wir haben die Erfahrung gemacht, dass ein Hund den Unterschied nicht bemerkt. Lassen Sie

draußen das Endstück der Schleppleine aber noch mindestens drei Monate am Halsband, um das Training zu festigen. Erst danach können Sie Ihren Hund frei laufen lassen. Würden Sie die Leine nach dem ersten Training einfach abnehmen, weiß der Hund sofort, dass er wieder einen Freilaufschein hat. Das Schleppleinentraining erfordert viel Ausdauer und Konzentration, zeigt bei richtiger Anwendung aber großen Erfolg.

RICHTIG AUSGERÜSTET FÜR DAS SCHLEPPLEINENTRAINING

Die Schleppleine wird über Stock und Stein und auch durch Dreck gezogen. Der Hundehalter nimmt sie immer wieder auf, das ist keine sehr saubere Angelegenheit. Wählen Sie entsprechend robuste Kleidung für Ihren Spaziergang und nehmen Sie zu Ihrer Sicherheit auch Handschuhe mit.

 offen   ● geschlossen

Schritt **1** Aus dem »Platz!« rufen

Schritt **2** Gerades Sitzen üben

»Hier!« Schritt für Schritt

Rufen Sie Ihren Hund mit dem Kommando »Hier!« zu sich, erwarten Sie von ihm, dass er sofort, zielgerichtet und schnell zurückkommt und dabei Blickkontakt mit Ihnen hält. Bei Ihnen angekommen, soll er sich gerade vor Sie setzen und Sie weiter anschauen, bis Sie das Kommando mit einem Folgekommando wieder auflösen.

Lassen Sie Leckerlis regnen

Bevor Sie nun mit Ihrem Vierbeiner das »Hier!« üben, bringen Sie ihm bei, Leckerlis aus der Luft zu schnappen. Beherrscht er dieses kleine Kunststück, fällt ihm das Erlernen eines korrekten Vorsitzens ganz leicht.

Übung: Ihr Hund soll sich hinsetzen. Er darf seine Position bei dieser Übung frei wählen und muss nicht dauerhaft sitzen bleiben, daher sagen Sie »Setz dich!«. Dann halten Sie ein Leckerli ca. 20 cm über seine Nase und lassen es fallen.

Fällt ein Leckerli auf den Boden, heben Sie es schnell auf, damit der Hund es nicht bekommt. Denn wenn er auch am Boden zum Ziel kommt, gibt er sich vielleicht beim Fangen keine Mühe. Schimpfen Sie ihn aber nicht, wenn er das Stück am Boden doch frisst. Er war dann einfach schneller als Sie. Am Anfang ist es ein Geduldsspiel, aber Hunde lernen das Fangen sehr schnell und gerne. Schließlich regnet es Futter.

Das Kommando »Hier!« üben

Ihr Hund kann nun Leckerlis aus der Luft fangen, befolgt zuverlässig »Zu mir!« und bleibt einige Zeit im »Platz!« liegen. Jetzt ist er so weit, das »Hier!« zu lernen. Im Gegensatz zum »Zu mir!« bleiben Sie nun in Blickrichtung zu ihm stehen und zeigen Sie ihm nicht einladend Ihre Schulter, sondern Ihre Front. Auch wenn Ihr Körper so eigentlich das Gegenteil signalisiert, geben Sie ihm damit doch ein klares Ziel vor.

○ offen   ● geschlossen

Schritt 3   Die Hände höher halten

Schritt 4   Aus dem Mund belohnen

1 Legen Sie Ihren Hund ins »Platz!« und gehen Sie ca. zwei Meter von ihm weg. Halten Sie in beiden Händen je ein Leckerli und drehen Sie sich zu ihm um. Rufen Sie Ihren Hund mit einem freundlichen »Hier!« zu sich.

2 Empfangen Sie ihn mit ausgestreckten Armen und ziehen sie ihn zu sich heran. Nehmen Sie die Hände leicht nach oben, sodass Ihr Hund sich vor Ihnen hinsetzt. Dirigieren Sie ihn ein wenig mit den Händen, bis er gerade sitzt. Belohnen Sie ihn nun gleichzeitig mit beiden Händen. Füttern Sie ihn nur aus einer Hand, wird er sich beim nächsten Durchgang auf diese Hand konzentrieren, schief anlaufen und sich schief vor Sie hinsetzen. Er soll aber gerade auf Sie zulaufen und gerade vor Ihnen sitzen.

3 Üben Sie das Abrufen immer wieder und erhöhen Sie nach und nach den Abstand zu Ihrem Hund. Kommt er zuverlässig, steigern Sie die Anforderungen. Halten Sie die Hände nun höher, zum Beispiel vor Ihren Bauch. Ihr

Hund weiß, dass sich die Leckerlis in Ihren Händen befinden. Er wird sich hinsetzen und nach oben sehen in der Erwartung, von oben belohnt zu werden. Schaut er nach oben, kommen Sie ihm mit den Händen sofort entgegen und füttern ihn. So bauen Sie die Übung nach und nach auf, bis Sie die Hände auf Höhe Ihres Munds halten.

4 Nehmen Sie ein Leckerli (ein Stück Wiener Würstchen oder Käse) in den Mund und lassen Sie Ihre Hände zunächst noch am Mund. Die Belohnung kommt jetzt aber aus Ihrem Mund (wie gut, dass Ihr Hund fangen kann!). Hat er das verstanden, können Sie die Hände nach und nach runternehmen, bis sie eng an Ihrem Körper anliegen.

Der Vorteil der Übung ist, dass Ihr Vierbeiner lernt, nach oben in Ihr Gesicht zu sehen und Augenkontakt mit Ihnen aufzunehmen. Die Übung ist nun gefestigt: Sie rufen Ihren Hund. Er kommt sofort, sitzt vor und hält immer Blickkontakt mit Ihnen. Perfekt!

○ offen   ● geschlossen

Schritt 1 In Position gehen

Schritt 2 »Hier!« rufen

Tipps für das Kommando »Hier!«

Das zuverlässige Kommen beim Kommando »Hier!« sowie ein korrektes Vorsitzen können Sie von allen Hunden erwarten.

Vorsitzen für kleine Hunde

Kleine Hunde können es ebenso fehlerfrei ausführen wie ihre hochbeinigen Kollegen. Um einem kleinen Vierbeiner das Erlernen des Kommandos »Hier!« zu erleichtern, sollten Sie aber noch bewusster auf Ihre Körperhaltung achten. Denn auch die Kleinen sollen gerade vorsitzen und dabei Blickkontakt mit Ihnen halten.

1 Legen Sie Ihren Hund ins »Platz!« und gehen Sie etwa zwei Meter von ihm weg. Drehen Sie sich um und nehmen Sie Ihren kleinen Hund wie einen Großen mit ausgestreckten Armen an, gehen Sie dabei aber etwas in die Knie. Halten Sie die Leckerlis in Ihren Händen.

2 Rufen Sie »Hier!« und ziehen Sie den Hund mit den Leckerlis in den Händen fast zwischen Ihre Beine. Er soll gerade anlaufen und gerade sitzen. Dirigieren Sie ihn bei Bedarf mit den Leckerlis. Beugen Sie sich nicht über Ihren Hund, damit er nicht zurückweicht. Kleine Hunde wahren oft etwas mehr Abstand, auch weil sie dann leichter Blickkontakt halten. Ihr Hund soll aber so nah wie möglich bei Ihnen bleiben. Alle weiteren Übungen machen Sie wie auf Seite 65 beschrieben, bis hin zum Fallenlassen des Leckerlis aus dem Mund.

Das Tempo steigern

Kommt Ihr großer oder kleiner Hund zuverlässig zu Ihnen und sitzt gerade und nah vor, dann können Sie ihm nun beibringen, das Tempo zu steigern und wirklich schnell auf Sie zuzulaufen.

◯ offen   ⬤ geschlossen

Schritt 1 In Position stellen

Schritt 2 Den Ball werfen

Übung für große Hunde: Legen Sie Ihren Hund ins Platz und entfernen sich ein Stück. Sie rufen »Hier!«, drehen sich um und rennen weg. Er wird Ihnen sofort folgen. Bevor er Sie einholt, drehen Sie sich um, bleiben stehen, strecken ihm beide Hände entgegen und empfangen ihn mit Leckerli. Am besten bitten Sie eine Begleitperson um Unterstützung: Sie soll Ihnen zurufen, wenn Ihr Hund Sie fast erreicht hat. Dann haben Sie genug Zeit, sich umzudrehen und das Vorsitzen vorzubereiten. So können Sie das Tempo Ihres Hundes steigern und zugleich die Übung ruhig und richtig zum Ende bringen. Üben Sie alleine, sollten Sie sich nicht ganz von Ihrem Hund abwenden, sondern ihn dabei im Blick haben.

So werden kleine Hunde schnell

Haben Sie einen kleinen Hund, können Sie ebenso verfahren. Da Sie aber bereits beim Erlernen des Vorsitzens mehr Körpereinsatz zeigen müssen, möchten wir Ihnen eine einfache Übung vorstellen, die das Tempo Ihres kleinen Hundes effektiv steigert. Dafür benötigen Sie einen Ball.

1 Legen Sie Ihren Hund ins Platz. Entfernen Sie sich ein Stück und stellen Sie sich breitbeinig auf, sodass Ihre Beine ein Tor bilden. Nun zeigen Sie Ihrem Hund den Ball und lösen das Platz mit einem »Okay!« auf. Sagen Sie nicht »Hier!«, denn Ihr Hund soll ja nicht vorsitzen, sondern durch Ihre Beine sausen.

2 Werfen Sie den Ball zwischen Ihren Beinen nach hinten durch. Ihr Hund wird ihn holen.

Gehen Sie anfangs nicht zu weit vom Hund weg. Er soll Ihr Beintor an- und durchlaufen, muss es also auch treffen. Ist der Abstand zu groß, saust Ihr Hund womöglich rechts oder links an Ihnen vorbei. Üben Sie dann wieder das »Hier!«, erwarten Sie zwar, dass er schnell zu Ihnen kommt, dann aber vor Ihren geschlossenen Beinen korrekt vorsitzt. Sie werden sehen: Ihnen und Ihrem Hund macht die Übung großen Spaß. Hunde lernen so spielerisch, wie ein geölter Blitz zu ihrem Menschen zurückzusausen. Auch größere Hunde haben Spaß an dieser Übung, müssen allerdings durch das Beintor passen.

○ offen ● geschlossen

Nähern sich langsam Fußgänger, haben Sie genug Zeit, um Ihren Vierbeiner rechtzeitig mit dem Kommando »Zu mir!« zurückzurufen.

In der Praxis

Kommandos wie »Zu mir!« und »Hier!«, die Sie regelmäßig im Alltag verwenden und die gut funktionieren, müssen Sie zu Hause nicht mehr extra üben.

Sicher herankommen

Damit Sie sich aber in jeder Situation darauf verlassen können, dass Ihr Vierbeiner zuverlässig auf »Hier!« kommt, sollten Sie es unterwegs immer wieder einmal trainieren. Aber bitte nicht zu oft. Sonst besteht die Gefahr, dass Ihr Hund abstumpft und sich fragt, warum das schon wieder sein muss. Zwar kommt er dann zu Ihnen, aber nicht mehr freudig und schnell. Dafür in

einem gelangweilten Trab, der ihm Zeit lässt, sich in der Gegend umzuschauen. Lassen Sie es gar nicht so weit kommen. Üben Sie weiterhin, aber übertreiben Sie es nicht. Feuern Sie Ihren Vierbeiner deswegen auch nicht bei jeder Übungseinheit nach Leibeskräften an, sondern sparen Sie es für den Ernstfall auf. Dann bleibt es etwas Besonderes und er reagiert entsprechend. Bieten Sie Ihrem Hund einen weiteren Anreiz, damit er sich auf Ihren Ruf hin schnell auf den Weg zu Ihnen macht: Belohnen Sie ihn für jedes Kommen und spielen Sie kurz mit ihm.

»Zu mir!« oder »Hier!«?

Als Hundeführer müssen Sie täglich immer wieder neu entscheiden, ob und wann eine Situation für Sie, Ihren Hund oder Ihre Umwelt kritisch sein kann. Kommen Ihnen Spaziergänger, Jogger oder Fahrradfahrer entgegen, ist es selbstverständlich, dass Sie Ihren Hund zu sich rufen. Ob dafür »Zu mir!« ausreicht oder »Hier!« notwendig ist, können nur Sie beurteilen. Interessiert Ihr Hund sich nicht für Jogger, reicht sicherlich »Zu mir!«. Wissen Sie aber, dass er diesen hinterherrennt, ist »Hier!« das richtige Kommando.

»Zu mir!« richtig einsetzen

Rufen Sie Ihren Hund immer mit »Zu mir!« heran, wenn keine Gefahr für ihn, Ihre Mitmenschen oder andere Tiere besteht. Ist er etwa allein im Garten und soll wieder ins Haus kommen, dann reicht ein »Zu mir!«. Ebenso, wenn Sie Ihre Wohnung verlassen und ihn mitnehmen wollen. Tobt Ihr Vierbeiner mit Artgenossen auf einer Wiese und Sie möchten weitergehen, können Sie ihn mit »Zu mir!« rufen. Er verabschiedet sich vielleicht kurz von seinen Freunden, schnuffelt unterwegs noch ein wenig und kommt dann freudig auf Sie zu. Sie können entspannt warten.

TRAININGSPLAN
KOMMANDO-GUIDE: HERANRUFEN

Offen: »Zu mir!« Der Hund soll zu Ihnen kommen, darf vorher noch kurz schnuppern und dann seine Position frei wählen. Sie lösen das Kommando nicht auf. Da es der Sicherheit dient und das weitere Training vorbereitet, wird es zuerst geübt.

Geschlossen: »Hier!« Der Hund soll zielgerichtet und zügig zu Ihnen kommen, immer Blickkontakt halten und dann korrekt vorsitzen. Sie lösen das Kommando immer auf. Voraussetzungen sind »Platz!« und »Sitz!«, die der Hund zuverlässig und ausdauernd ausführen muss. »Hier!« wird als letztes geschlossenes Kommando geübt.

Bei einem »Zu mir!« verlangen Sie nicht, dass Ihr Hund sofort und schnell herankommt, sondern Sie überlassen ihm, welches Tempo er wählt. Rufen Sie das »Zu mir!« daher immer rechtzeitig, damit er es ausführen kann. Nähern Sie sich auf Ihrem Spazierweg zum Beispiel einem Ortsrand, rufen Sie Ihren Hund zurück, noch bevor er diesen erreicht hat. Versäumen Sie jedoch ein rechtzeitiges »Zu mir!«, kann Gefahr für Ihren Hund bestehen: Rufen Sie ihn dann mit »Hier!«.

»Hier!« richtig einsetzen

In der Nähe einer Straße besteht immer Gefahr. Und wenn Sie Rehe am Waldrand sehen, können Sie sicher sein, dass dies die wenigsten Hunde unbeeindruckt lässt. Dann ist auf jeden Fall ein rechtzeitiges »Hier!« das richtige Kommando. Sie sagen Ihrem Hund damit, dass er sofort, zielgerichtet und schnell zu Ihnen kommen soll. Da Sie das Kommando immer eindeutig verwenden,

weiß er, dass es Ihnen ernst ist, und wird kommen. Halten Sie Augenkontakt mit ihm, damit er sich auf Sie und nicht auf die Ablenkung konzentriert. Rufen Sie auch ein »Hier!« rechtzeitig, damit Ihr Hund noch rechtzeitig reagieren kann.

Risiken einschätzen

Jedem Hundehalter kann es passieren, dass sein Vierbeiner wegen einer starken Ablenkung nicht auf sein »Hier!« reagiert. Der Rettungsversuch: Umdrehen, rufen, rennen! In der Schifffahrt gibt es ein Manöver des letzten Augenblicks – kurz bevor es kracht. Allerdings gibt es im Schiffsverkehr auch viele Regeln, um kritische Situationen gar nicht erst aufkommen zu lassen. Hundführer sind ebenfalls gehalten, riskante Situationen zu vermeiden. Deshalb gibt es etwa für einen Hund mit ausgeprägtem Jagdtrieb im Wald weder ein »Zu mir!« noch ein »Hier!«, sondern nur: die Leine! Ein abwechslungsreicher Spaziergang an der Leine macht Ihrem Hund ebenso viel Freude wie Ihnen. Und die nächste Möglichkeit für einen Freilauf kommt bestimmt.

Schnelle Bewegungen von Menschen animieren manche Hunde zum Hinterherlaufen. Dann ist ein zeitig gerufenes »Hier!« das bessere Kommando.

MITGEHEN: VOM »BEI MIR!« ZUM »FUSS!«

»Fuß? Das brauchen wir nicht!« Viele Hundehalter sind davon überzeugt, dass das Fußgehen den Gebrauchshunden vorbehalten sein sollte, den Profis unter den Hunden, die tagtäglich arbeiten, wie Polizei- oder Jagdhunden. Denn mit dem Kommando »Fuß!« verbinden viele Menschen immer noch Drill und Härte. Dabei ist »Fuß!« ein wunderbares Kommando, das nicht schwerer zu erlernen ist als ein »Platz!«. Es braucht nur wieder etwas Übung und ein klein wenig Geduld und Ausdauer von Mensch und Hund. Zuerst üben Sie mit Ihrem Hund »Bei mir!«, damit bleibt er in Ihrer Nähe. Mit dem darauf aufbauenden »Fuß!« haben Sie ihn dann sicher

unter Kontrolle. Sie geben Ihrem Vierbeiner das Kommando »Fuß!« aber auch, um ihm Sicherheit zu vermitteln. Gehen Sie mit ihm beispielsweise über einen sehr belebten Platz in einer Stadt, geht er am besten im »Fuß!«. Denn so wie sich die Mitmenschen wohler fühlen, wenn Ihr Hund nahe bei Ihnen ist, so fühlt sich auch Ihr Hund sicherer, wenn Sie ihm in einer Menschenmenge nahe sind. Sie geben ihm dadurch nicht nur den Weg durch das Gewirr von Beinen vor. Sie sorgen auch dafür, dass er nicht von anderen Menschen bedrängt wird. Dann heißt ein »Fuß!« nicht mehr: »Du musst an meiner Seite bleiben«, sondern: »Du darfst an meiner Seite sein.«

Komm mit mir

Die Unterscheidung in ein offenes Kommando »Bei mir!« und ein geschlossenes »Fuß!« ermöglicht Ihnen ein konsequentes Verhalten im Alltag.

»Bei mir!« und »Fuß!«: die Unterschiede

»Bei mir!« und »Fuß!« können mit oder ohne Leine ausgeführt werden.

»Bei mir!« Stellen Sie sich vor, Sie sind die Erde, die sich um die Sonne dreht. Ihr Hund ist der Mond. Er bewegt sich zwar stets um Sie herum, verlässt aber niemals seine Bahn. Das offene Kommando »Bei mir!« verlangt also von Ihrem Hund, dass er in Ihrer Nähe bleiben soll. Er darf sich dabei in einem Abstand von etwa einem Meter frei bewegen und dabei vor, hinter oder neben Ihnen, links oder rechts gehen. So gewährt es ihm einen zwar kleinen, aber durchaus schönen Spielraum. Sie müssen ein »Bei mir!« nicht auflösen. Geht Ihr Hund seinem Vorwärtsdrang nach, können Sie ihn durch ein erneutes und freundliches »Bei mir!« zurückholen.

»Fuß!« Dieses Kommando soll ebenfalls nicht mit scharfer Stimme oder Druck gegeben werden. »Fuß!« ist keine Strafe für Ihren Hund. Es hat auch nichts mit Härte oder Drill zu tun. Es dient einzig wie die anderen geschlossenen Kommandos der Sicherheit. Ein »Fuß!« geben Sie daher immer dann, wenn Sie Ihren Hund ganz nahe bei sich haben möchten, selbst jedoch nicht stehen bleiben wollen. »Fuß!« heißt: »Klebe an meiner Seite und gehe erst wieder von mir weg, wenn ich es dir erlaube. Ignoriere währenddessen alles andere, konzentriere dich auf mich.« Kommt Ihnen ein unbekanntes Mensch-Hund-Team entgegen, nehmen Sie Ihren Hund ins »Fuß!«, um gefahrlos und zügig vorbeigehen zu

So soll es sein: Konzentriert sich ein Vierbeiner beim Spaziergang so toll auf seinen Menschen, hat er weder Zeit noch Lust, Unfug anzustellen.

können. Viele Hunde, die das Kommando »Fuß!« verinnerlicht haben, bieten es bei einem Spaziergang immer wieder von selbst an. So schlimm kann es also gar nicht sein.

Ihr Hund kann schon »Fuß!«

Viele Hundehalter nehmen ihren Vierbeiner ins »Fuß!«, behandeln es aber eigentlich wie ein »Bei mir!«: Sie kontrollieren und korrigieren es nicht ausreichend und lösen es auch nicht immer auf. Kennt Ihr Hund dieses »Fuß!« schon, üben Sie es mit ihm nun als geschlossenes Kommando (→ Seite 76). Trainieren Sie dazu auch das offene »Bei mir!«, wie es in den Übungen ab Seite 72 beschrieben wird, oder sagen Sie »Fuß!« und direkt danach »Bei mir!«. Ihr Hund kennt recht schnell die Bedeutung von »Bei mir!« und Sie können dabei das »Fuß!« dann weglassen.

»Bei mir!« schrittweise

Eine perfekte Mensch-Hund-Beziehung drückt sich kaum schöner aus als in einem gemeinsamen harmonischen Spaziergang. Für entspannte Ausflüge ist das Kommando »Bei mir!« gedacht. Bevor es aber nach draußen geht, üben Sie zunächst in einer Umgebung ohne Ablenkung.

Entspannt laufen

Üben Sie »Bei mir!« mit und ohne Leine: Mit Leine haben Sie Ihren Hund sicher bei sich, denn er kann nicht weglaufen. Ohne Leine sind Sie viel konzentrierter bei der Sache, denn Sie müssen sich richtig Mühe geben, da Sie ja keine Hilfe durch eine Einwirkung mit Leine haben. Der Übungsaufbau ist derselbe. Entscheiden Sie, ob Sie zunächst mit oder ohne Leine üben wollen.

»Bei mir!« ohne Leine

Machen Sie Ihren Hund mit Leckerlis oder Spielzeug auf sich aufmerksam. Gehen Sie einige Schritte in eine Richtung und sagen Sie »Bei mir!«. Halten Sie ihn dabei durch reichlich Füttern oder Spielzeug bei Laune, so bleibt er bei Ihnen. Belohnen Sie jeden Blickkontakt: Schaut Ihr Hund Sie an, läuft er stets in Ihrer Nähe.

1 Bei einem korrekten »Bei mir!« kann Ihr Vierbeiner vor oder hinter Ihnen gehen.

2 Ihr Hund muss auch nicht an Ihnen kleben, sollte aber nicht mehr als einen Meter von Ihnen entfernt sein. Gedanklich sollten Sie immer seine Schwanzspitze fassen können.

3 Es ist bei dieser Übung nicht wichtig, ob der Hund rechts oder links von Ihnen geht.

Übung 1 Ein nahes »Bei mir!«

Bleibt Ihr Hund einige Schritte erfolgreich bei Ihnen, belohnen Sie ihn mit einem ausgiebigen Spiel an Ort und Stelle. Werfen Sie das Spielzeug aber nicht fort: Durch das Werfen schicken Sie den Hund von sich weg und animieren ihn genau zum Gegenteil dessen, was Sie von ihm wünschen. Nach und nach steigern Sie die Schrittzahl und halten Ihren Hund stets bei sich.

»Bei mir!« mit Leine

Für das Training an der Leine eignet sich eine Einmeterleine oder eine auf einen Meter verkürzte Zweimeterleine. Verwenden Sie jedoch keine Zug- oder Langleine. Zuerst ist es wichtig, dem Hund zu vermitteln, dass das Gehen an der Leine keine Strafe ist. Füttern Sie ihn daher zunächst reichlich oder spielen Sie mit ihm an der Übungsstelle. Hat sich sein Verhalten gefestigt, geht es in die große weite Welt. Es wird also nicht lange dauern, bis er von Ihnen weg will und an der Leine zieht. Sie lassen sich aber nicht

Übung 2 Auch das ist ein »Bei mir!«

Übung 3 »Bei mir!« auf rechter Seite

von Ihrem Hund durch die Gegend ziehen, denn Sie sind der Chef und Sie sagen, wo es langgeht. Um ihm zu zeigen, dass er mit Zug nicht an sein Ziel gelangt, haben Sie drei Möglichkeiten: Richtungswechsel, Stehenbleiben oder Rückwärtsgehen. Mit diesen Übungen, die Sie gerne auch im Wechsel anwenden können, lernt jeder Hund ein korrektes »Bei mir!«: Welpen genauso wie erwachsene Hunde, die sich das Ziehen bereits angewöhnt haben.

Richtungswechsel: Drehen Sie sich um und gehen Sie in eine andere Richtung. Ist Ihr Hund nicht aufmerksam, sondern zieht immer wieder nach vorne, wechseln Sie so lange die Richtung, bis der Zug nachlässt. Sobald der Hund wieder aufmerksam einige Schritte mitgeht, erhält er ein Leckerli zur Belohnung. Behalten Sie ruhig etwas Futter in der Hand. Ihr Hund interessiert sich dann viel leichter für Sie als für die Umgebung.

Stehen bleiben: Sie müssen so lange warten, bis Ihr Hund aufmerksam wird und kein Zug mehr auf der Leine ist. Bestätigen Sie ihn aber noch

nicht sofort, sondern gehen Sie weiter. Bleibt er einige Schritte bei Ihnen, erhält er sein Leckerli. Würden Sie belohnen, sobald der Zug der Leine nachlässt, lernt Ihr Hund, dass er für ein Leckerli ziehen muss. Er soll aber nicht für das Ziehen, sondern für das Gehen in Ihrer Nähe belohnt werden. Viele Menschen halten dieses Training nicht konsequent durch, bestätigen zu früh oder gehen weiter, solange noch Zug auf der Leine ist.

Rückwärtsgehen: Zieht der Hund, nehmen Sie die Leinenhand eng an den Körper und lassen sie dort. Verkürzen Sie die Leine aber nicht, denn Sie wollen den Hund ja nicht zurückziehen. Gehen Sie dann rückwärts und strecken Sie die andere Hand dem Hund nach vorne entgegen – als Ziel. Läuft er die Hand an, drehen Sie sie nach außen von sich weg und zeichnen einen Kreis mit ihr. So dirigieren Sie Ihren Hund in einem Bogen an Ihre Seite, bis er wieder vorwärts neben Ihrem Bein läuft. Belohnen Sie ihn noch nicht sofort, sondern erst, wenn er aufmerksam einige Schritte bei Ihnen gelaufen ist.

○ offen ● geschlossen

Schritt	1	Die Leine zeigen

Schritt	2	Von unten anleinen

»Bei mir!«: Der Welpe lernt die Leine kennen

Zunächst muss der Welpe sich an Halsband und Geschirr gewöhnen: Legen Sie ihm dazu in der Wohnung immer schon einmal das eine oder andere für einige Minuten an. Beim ersten Ausflug hat er Halsband oder Geschirr bereits um.

Natürliches Verhalten nutzen

Bevor Sie Ihren kleinen Liebling an die Leine legen, sollten Sie möglichst lange ohne Leine mit ihm spazieren gehen. Denn in den ersten Wochen orientiert er sich an Ihnen und wird Ihnen überallhin folgen. Das können Sie nutzen und spielerisch auch schon immer ein »Bei mir!« üben. Fahren Sie dazu mit ihm am besten eine kurze Strecke mit dem Auto bis zu einem ruhigen Ort ohne Verkehr und Ablenkung. So lernt er dies gleich kennen und verknüpft: Nach dem Autofahren folgt der Spaß! Ändern Sie beim Gehen Richtung und Tempo und spielen Sie Verstecken mit dem Welpen. So lernt er früh, Sie nicht aus den Augen zu lassen.

Das erste Mal an der Leine

Beginnt der Kleine, die Welt selbstständig zu erkunden und sich dabei von Ihnen zu entfernen, ist der richtige Zeitpunkt für das Leinentraining gekommen. Suchen Sie sich eine absolut ruhige Gegend oder üben Sie im Garten. Je weniger Eindrücke auf den Welpen einströmen, desto besser kann er sich konzentrieren. Bevor es losgeht, sollte der Hund sich gelöst haben.

1 Powern Sie den kleinen Kerl durch eine erste Spieleinheit gleich ein wenig aus. Dann zeigen Sie ihm die Leine. Am besten gehen Sie dazu zu Ihrem Welpen auf den Boden.

2 Locken Sie Ihren Welpen mit Futter zu sich und leinen Sie ihn von unten an.

Schritt 3 Mit Leckerli belohnen

Schritt 4 Dann direkt spielen

3 Für jedes Anleinen erhält er eine Belohnung. So lernt er, dass sich Anleinen für ihn lohnt.

4 Jetzt spielen Sie ausgiebig mit ihm an Ort und Stelle: Leine macht Spaß! Achten Sie aber drauf, dass der kleine Kerl nicht in die Leine beißt. Die Leine ist Ihr verlängerter Arm und in den darf er ja auch nicht beißen.

Hat sich Ihr Welpe an die Leine gewöhnt, können Sie beginnen, »Bei mir!« an der Leine zu trainieren (→ Seite 72). Üben Sie jedoch nur wenige Minuten und spielen Sie dann wieder mit ihm, denn junge Hunde ermüden schnell.

Halsband oder Geschirr?

Hundehalter fragen uns immer wieder, was besser ist: Halsband oder Geschirr? Wir empfehlen, den Hund an beides zu gewöhnen. Die ersten Schritte an der Leine sollte ein junger Hund aber mit einem Geschirr machen. Denn immer wenn Sie einen Richtungswechsel machen oder stehen bleiben, entsteht Druck auf dem Hals-

band: Regelmäßiger Druck auf den Hals ist für ein gesundes Wachstum aber nicht förderlich, da die Wachstumsfugen an den Knochen noch nicht geschlossen sind und der Knorpelbau noch nicht ausgereift ist. Wir können auch nicht die oft geäußerte Ansicht teilen, dass Junghunde, die am Geschirr laufen, mehr ziehen. Denn auch mit Geschirr geben Sie sich Mühe beim Leinentraining und lassen den Hund nicht ziehen. Am Geschirr ist der Vierbeiner aber besser unter Kontrolle und die Verletzungsgefahr geringer.

Ungeeignete Leinen: Wirklich ziehen lernt ein Hund mit Roll- oder Zugleinen, denn auf diesen ist immer Zug. Ziehen Sie selbst mal mit einem Finger an der Leine. Sie werden staunen, wie stark der Widerstand ist! Selbst wenn Ihr Hund in einem Abstand von einem Meter von Ihnen geht, verspürt er Zug am Hals oder am Rücken, sobald die Leine ausrollt – und dieses Gefühl wird für ihn dann ganz selbstverständlich. Die Folge: Er wird ziehen. Im Alltag mögen diese Leinen praktisch sein, eignen sich aber nicht für eine gute Leinenführigkeit und sind für das Training gänzlich ungeeignet.

 offen ● geschlossen

| Schritt | 1 | Hund herumführen |

| Schritt | 2 | Grundstellung »Fuß!« |

| Schritt | 3 | In die Außenstellung |

»Fuß!« Schritt für Schritt

Ist das »Bei mir!« mit und ohne Leine recht gut gefestigt, ist nun »Fuß!« an der Reihe. Bringen Sie Ihren Hund zunächst in die Grundstellung: sitzend an Ihrem linken Bein. Denn in dieser Position soll er stets verweilen, wenn Sie beim Kommando »Fuß!« nicht gehen, sondern stehen.

»Fuß!« mit Grundstellung

Stört Sie die Leine, so üben Sie zunächst ohne. Jedoch nur, wenn keine Ablenkung in der Nähe ist, ansonsten unbedingt mit Leine.

1 Zeigen Sie Ihrem Hund mit der rechten Hand ein Leckerli und dirigieren ihn damit hinter Ihren Beinen. Hier tauschen Sie das Leckerli von der rechten in die linke Hand. So führen Sie ihn hinten um Ihren Körper herum. Er muss das Leckerli immer vor seiner Nase haben, um ihm korrekt zu folgen.

2 Folgt Ihr Hund der linken Hand, sagen Sie »Fuß!«. Ziehen Sie ihn mit Ihrer linken Hand weiter nach vorne, bis seine Schulter neben Ihrem Bein ist. Dann ziehen Sie das Leckerli langsam nach oben, damit er sich ohne weiteres Kommando neben Sie setzt.

3 Läuft Ihr Hund schon sicher um Sie herum, bringen Sie ihn in die Außenstellung. Wenn er sie umrundet hat und links ankommt, drehen Sie seinen Kopf mit dem Leckerli so, dass er nach außen sieht. Klingt kompliziert, ist aber nach drei, vier Versuchen eine fließende Bewegung. Durch die Außenstellung rückt er automatisch mit seiner Schulter an Sie heran. Belohnen Sie, wenn er im Sitzen Kontakt zu Ihrem Bein hat.

Ziehen Sie Ihre Hand zu weit nach vorne, wird Ihr Hund schief sitzen. Bleibt sie zu weit hinten, sitzt er zu weit weg. Solche Fehler korrigie-

○ offen   ● geschlossen

| Schritt 1 | »Fuß!« und belohnen | Schritt 2 | Weiter belohnen | Schritt 3 | Beim »Fuß!« belohnen |

ren Sie bitte direkt an Ihrem Bein: Gehen Sie mit Ihrem rechten Bein einen Schritt zurück, das linke bleibt, wo es ist. Ihre linke Hand geht nach hinten und führt den Hund mit einer Kreisbewegung an der linken Seite erneut ans Bein. Üben Sie an der Leine, dürfen Sie Ihren Hund nicht in die richtige Position ziehen – dirigieren Sie ihn auch dann mit Leckerlis. Lassen Sie ihn nicht zur Korrektur um sich laufen. Viele Hunde korrigieren sich sonst selbst und umlaufen ihren Menschen, auch wenn der es gar nicht möchte.

An Ihrer Seite bleiben

Bevor Sie mit »Fuß!« starten, spielen Sie mit Ihrem Hund. So bekommt er den Kopf frei, denn was nun folgt, verlangt höchste Konzentration.

1 Mit dem Kommando »Fuß!« holen Sie den Hund in die Grundstellung. Belohnen Sie ihn. Halten Sie ihm nun ein weiteres Leckerli direkt vor die Nase. Gehen Sie zwei, drei Schritte und führen Sie ihn nah bei sich. Seine Schulter soll auf Höhe Ihres Beins sein,

Körperkontakt ist noch nicht wichtig. Belohnen Sie ihn sofort, wenn er es richtig macht.

2 Gehen Sie nur zwei, drei Schritte. Wichtig ist, dass er sauber und konzentriert arbeitet. Noch mehr Schritte überfordern ihn jetzt.

3 Füttern Sie bei jedem Schritt. Er soll lernen, dass es sich lohnt, nicht von Ihrer Seite zu weichen und wird bald freudig bei Fuß gehen.

MIT »FUSS!« IST IHR HUND IMMER AUF DER SICHEREN SEITE

In der Grundstellung von »Fuß!« sitzt Ihr Hund dicht bei Ihnen. Seine Schulter berührt dabei Ihr Bein. Dies gibt auch Sicherheit im Alltag. Denn je dichter Ihr Hund bei Ihnen sitzt, desto weniger können andere Personen ihn bedrängen oder gar auf seinen Schwanz treten.

 offen   ● geschlossen

| Schritt | 1 | Zum Hund beugen |

| Schritt | 2 | Langsam aufrichten |

| Schritt | 3 | Gerade gehen |

»Fuß!« festigen

Mit einem kleinen Hund erfordert das Fuß-Training etwas mehr Körpereinsatz von Ihnen.

1 Gehen Sie beim Füttern gebückt. So springt Ihr Hund nicht nach dem Leckerli.

2 Richten Sie sich nach und nach auf.

3 Klappt das gut, können Sie aufrecht gehen.

4 Üben Sie nun das »Fuß!« ohne Führhilfe, mit und ohne Leine: Belohnen nicht vergessen.

5 Belohnen Sie den Blickkontakt.

Auf Körperkontakt achten

Ihr Hund kann mit Futter vor der Nase zwei, drei Schritte im Fuß laufen. Nun lernt er, mit seiner Schulter Kontakt zu Ihrem Bein zu halten.

Nehmen Sie das Leckerli in Ihre Innenhandmitte, fixieren es mit dem Daumen und strecken Sie die anderen Finger. So muss Ihr Hund seinen Kopf drehen, um das Leckerli zu sehen und Sie können ihn leicht in die Außenstellung dirigieren. Läuft er nahe bei Ihnen und dreht seinen Kopf, wird seine Schulter automatisch Ihr Bein berühren: Belohnen Sie ihn sofort bei der Berühung.

Die Führhilfe langsam abbauen

Bald läuft Ihr Hund gerne so eng an Ihrem Bein und Sie können das Leckerli als Führhilfe vor seiner Nase langsam abbauen. Halten Sie dazu das Leckerli entspannt in Ihrer Hand und lassen Sie diese langsam nach oben und ein klein wenig nach vorne wandern: Nur so viel, dass der Hund den Kontakt zu Ihrem Bein nicht verliert. Noch immer gehen Sie nur wenige Schritte und belohnen Ihren Hund dann. Sitzt die Übung, gehen Sie längere Strecken mit ihm bei Fuß. Beloh-

○ offen   geschlossen

Schritt 4 Ohne Leckerli üben

Schritt 5 Blickkontakt

Blickkontakt

Nehmen Sie für die Übung zwei oder drei Stückchen Wiener Würstchen oder Käse (→ Seite 65) in den Mund. Sobald Ihr Hund völlig korrekt läuft, nehmen Sie eine Belohnung aus Ihrem Mund und füttern ihn damit. Drehen Sie dabei anfangs noch den Kopf zu Ihrem Hund. Dann läuft er nicht nach vorne, um nachzuschauen, wo das Futter herkommt. Nicht lange, und Sie können

ncn Sie ihn zunächst ohne Unterlass, damit seine Konzentration nicht nachlässt. Damit das reibungslos klappt und Sie den Kontakt zum Hund nicht verlieren, können Sie sich in Ihrer rechten Hand ein Leckerlidepot anlegen. Sobald Ihr Vierbeiner ein Leckerli mit der linken Hand erhalten hat, legt die rechte Hand ein neues in die linke. Füttern Sie aber nicht mit der rechten Hand, sonst läuft Ihr Hund schief, wenn er dorthin schaut. Auch wenn Sie sich jetzt wie ein Futterautomat fühlen: Ihr Hund wird begeistert sein und auch längere Strecken bei Fuß zurücklegen.

Weniger füttern: Da er schnell versteht, was Sie von ihm erwarten, werden Sie bald nicht mehr so viel Futter benötigen. Dann reicht es, wenn Sie ihn nur noch alle paar Schritte belohnen. Bei einem kleinen Hund können Sie jetzt in aufrechter Haltung gehen und müssen sich nur noch zum Füttern bücken. Nach einiger Zeit ist es nicht mehr nötig, den Vierbeiner mit Futter zu lenken. Sie sollten ihn aber immer wieder belohnen: Mit der linken Hand aus der Jackentasche. Nun soll Ihr Hund nicht mehr auf Ihre Hände, sondern in Ihr Gesicht schauen.

einfach geradeaus laufen, während Ihr Hund perfekt im Fuß an Ihrem Bein klebt. Und er wird regelmäßig zu Ihnen hochsehen. Belohnen Sie ihn zunächst für jedes Hochsehen und bauen Sie das dann nach und nach ab. Bei kleinen Rassen ist das Üben mit Futter aus dem Mund meist gar nicht nötig: Da die Hände weit vom Hundemaul weg sind, schauen die Kleinen sowieso nach oben. Trotzdem freuen auch sie sich natürlich über Wiener Würstchen oder Käse.

FÜR HUND UND MENSCH ANGENEHMES FUSSTRAINING

Auch ein kleiner Hund läuft gut und gerne Fuß. Leider muss sein Mensch zu Beginn des Trainings in gebückter Haltung gehen. Ist Ihnen das unangenehm, bitten Sie jemanden, für Sie zu laufen. Leiten Sie die Übung an. Übernehmen Sie, wenn Ihr Hund keine Führhilfe mehr benötigt.

○ offen   ● geschlossen

»Fuß!« in Variationen

Ihr Hund soll nun lernen, während des Fußgehens auf Ihre Körpersignale zu achten. Ändern Sie die Richtung, soll er rechtzeitig mit Ihnen nach rechts oder links drehen oder eine Kehrtwendung vollziehen.

Links, rechts, kehrt

Bei diesen Übungen muss er sich wirklich konzentrieren und exakt arbeiten. Gerade zu Beginn des Trainings wird er schnell ermüden: Legen Sie Pausen ein, spielen Sie viel mit ihm und loben Sie ihn, damit er sich richtig anstrengt. Machen Sie es ihm leichter und wählen Sie einen ruhigen Übungsort. Üben Sie das Fußgehen immer wieder in kurzen Einheiten abwechselnd mit und ohne Leine, damit im Alltag beides klappt.
Alleine üben: Am besten probieren Sie zunächst einige Trockenübungen ohne Vierbeiner. Es wird nicht lange dauern, dann sind die Bewegungen für Sie ganz selbstverständlich.
Mit Hund: Nehmen Sie dann Ihren Hund an Ihre Seite und üben gemeinsam. Zunächst gerne wieder mit Leckerli vor der Nase. Nach jeder erfolgreichen Wendung belohnen Sie Ihren Hund.

Die Rechtswendung

1 Gehen Sie mit Ihrem Hund im »Fuß!«.

2 Vor einer Wendung bleibt Ihr rechter Fuß in Laufrichtung stehen. Der linke Fuß schwenkt nach rechts, gleichzeitig dreht sich der rechte Fuß auf der Stelle mit.

3 Der linke Fuß steht dann schon in der neuen Laufrichtung und weiter geht es.

Schritt　1　Der rechte Fuß bleibt stehen

Die Linkswendung

Nun läuft es seitenverkehrt: Sagen Sie »Fuß!« und gehen Sie mit Ihrem Hund los. Vor einer Wendung bleibt Ihr linker Fuß in Laufrichtung stehen. Der rechte Fuß schwenkt nach links, gleichzeitig dreht der linke Fuß mit. Der rechte Fuß steht dann schon in der neuen Laufrichtung und Sie gehen weiter. Würden Sie den linken Fuß zum Abbiegen nutzen, bevor der rechte schwenkt, könnten Sie Ihren Hund treten.

Die Kehrtwende

Nun wenden Sie einmal komplett und Ihr Hund soll sowohl vor als auch nach der Wendung korrekt bei Fuß laufen. Da es einfacher ist, sollten Sie mit Ihrem Hund zuerst ohne Leine üben. Wenn das klappt, trainieren Sie mit Leine. Denn Sie können die Wendung im Alltag gut für Richtungswechsel verwenden – mit und ohne Leine. Nun geht es los: Nehmen Sie ein Leckerli in die linke Hand und gehen Sie geradeaus.

Schritt **2** Der linke Fuß schwenkt

Schritt **3** Weiter geht's!

Die Wende einleiten: Um zu wenden, geht Ihr rechtes Bein ein kleines Stückchen nach vorne, bleibt dabei aber gerade gestreckt. Gleichzeitig drehen Sie Ihren rechten Fuß leicht nach links: Auf dem Ziffernblatt einer Uhr würde er etwa auf der Zehn-Uhr-Stellung stehen.

Die Drehung: Nehmen Sie das Leckerli in die rechte Hand. Drehen Sie sich jetzt um Ihre Achse und führen mit der rechten Hand den Hund hinter sich herum. Tauschen Sie das Leckerli hinter Ihrem Rücken wieder in die linke Hand. Sie können Ihren Hund dabei über Ihre linke Schulter beobachten. Dies hilft ihm sogar, enger um sie herumzulaufen. Ist er wieder links, setzen Sie Ihren Weg fort, Ihr Hund geht wieder Fuß.

Der Abschluss: Gehen Sie nach der Drehung zwei, drei Schritte und belohnen Sie ihn erst dann für die Wendung. So lernt er: »Je schneller ich hinten herumlaufe, desto schneller bekomme ich vorne meine Bestätigung.« Wenn Ihr Hund die Wendung kann, ist das Quergehen des rechten Fußes für ihn das Signal zur Kehrtwendeung.

Sie müssen kein Kommando geben. Auch nach der Wendung ist kein »Fuß!« nötig.

Fehler vermeiden: Belohnen Sie den Hund nicht vor der Drehung. Sonst ist er mit Kauen beschäftigt und konzentriert sich nicht aufs Arbeiten. Setzt er sich während des Wendens hin, dann waren Sie zu langsam und wiederholen das Ganze mit etwas mehr Schwung. Legt er sich hin, halten Sie Ihre Führhand eventuell zu niedrig.

Verschiedene Gangarten

Geht Ihr Hund zuverlässig »Fuß!« und kann alle Wendungen, bringen Sie ihm bei, dass das in allen Gangarten möglich ist. Gehen Sie einmal langsam, einmal schneller und laufen Sie auch mal ein kurzes Stück. Ihr Hund soll lernen: »Was immer mein Mensch macht, ich bleibe an ihm dran.« Ab jetzt können Sie das Kommando »Fuß!« abwechslungsreich üben: Gehen Sie geradeaus, wenden Sie nach links und nach rechts, machen Sie kehrt und ändern Sie das Tempo.

○ offen　　● geschlossen

Fehler | 1 | Der Hund schnellt nach vorne

Fehler | 2 | Der Hund bleibt zurück

»Fuß!«: Fehler vermeiden

Ihr Hund verliert immer wieder den Kontakt zu Ihrem Bein? Dafür kann es verschiedene Erklärungen geben – manchmal ist es nur die unbedachte Körperhaltung.

Mögliche Fehlerquellen

Korrigieren Sie Ihren Vierbeiner nicht mit einem Leinenruck, wenn er nicht ordentlich an Ihrem Bein läuft, denn das ist ihm unangenehm. Und meist versteht er diese Strafe nicht, da Ihre Körpersprache ihm dann missverständlich signalisiert: »Geh hinter mir!«, oder »Komm weiter vor!«. Leinenruck ist meist eine Verzweiflungstat, wenn Hundehalter die Geduld verlieren. Je besser ein Hund ausgebildet ist –, und Ihr Hund ist mittlerweile gut ausgebildet – desto genauer reagiert er auf Körpersignale. Deshalb ist es wichtig, dass nicht nur Ihr Vierbeiner, sondern auch Sie konzentriert arbeiten. Doch nichts ist

schwieriger, als die eigene Körperhaltung einzuschätzen. Lassen Sie sich beobachten oder filmen, wenn Ihr Hund nicht richtig bei Fuß geht. So kommen Sie den Fehlern leichter auf die Schliche. Dazu hier einige Beispiele:

Fehler 1: Der Hund schnellt nach vorne
Damit dies nicht geschieht, dürfen Sie Spielzeug zur Belohnung nicht nach vorne werfen. Das Spielzeug kommt zum Hund und nicht der Hund zum Spielzeug. Spielen Sie mit Ihrem Vierbeiner an der Trainingsposition und lösen Sie das Kommando mit »Okay« auf. Sie verleiten Ihren links laufenden Hund auch zum Vorwärtslaufen, wenn Sie ihn mit der rechten Hand belohnen: Er will Blickkontakt zur Hand mit dem Futter halten und geht dann leicht nach vorne, um sie besser sehen zu können. Also: Nur mit der linken Hand belohnen! Vermeiden Sie zusätzlich folgende Bewegungen, um den Hund

| Fehler | 3 | Der Hund springt |

| Fehler | 4 | Der Hund hält Abstand |

nicht dazu zu verleiten, nach vorne zu schnellen: Drehen Sie sich beim Belohnen nicht nach rechts, oft geschieht das ganz unbewusst. Beugen Sie sich nicht nach vorne und drehen Sie Ihre Schultern nicht nach rechts, sondern halten Sie sich aufrecht und gerade.

Fehler 2: Der Hund bleibt zurück

Drehen Sie Ihre Schultern zu sehr nach links, hat auch das Auswirkungen auf das Verhalten Ihres vierbeinigen Freundes: Er wird zurückbleiben, denn Sie drücken ihn mit Ihrer Schulter regelrecht nach hinten. Weitere mögliche Gründe für das Zurückbleiben: Sie schieben das Leckerli beim Belohnen zu weit nach hinten. Sensible Hunde reagieren damit auf ein zu hart gesprochenes »Fuß!«. Oder der Hund hat womöglich das Interesse an der Übung verloren, da Sie zu Beginn des Trainings nicht ausreichend gefüttert haben. Und ganz klar: Wenn Sie Ihrem Vierbeiner versehentlich auf eine Pfote treten, wird er sich überlegen, ob ein wenig Sicherheitsabstand nach hinten nicht besser für ihn ist.

Fehler 3: Der Hund springt

Häufig hüpfen nicht nur kleine, sondern auch große Hunde beim Fußgehen. Folgende Gründe kann es haben: Sie halten das Leckerli zu Beginn des Trainings nicht direkt vor die Hundenase, sondern zu hoch. Der Hund springt danach und Sie belohnen aus Versehen das Hüpfen. Auch zu langsames Gehen verleitet einen jungen oder unerfahrenen Hund zum Hüpfen, sonst macht es ja keinen Spaß. Wird generell zu wenig gefüttert, neigen selbstbewusste Hunde dazu, Ihre Bestätigung durch Hüpfen einzufordern.

Fehler 4: Der Hund hält zu viel Abstand

Vielleicht sorgt er sich um seine Pfoten, weil Sie verstehentlich daraufgetreten sind? Oder Sie bedrängen Sie ihn mit Ihrem vorgebeugten Oberkörper. Es ist möglich, dass Sie die Hand mit dem Leckerli zu weit von Ihrem Körper weghalten. Viele Hunde verlieren auch das Interesse, wenn die Leckerlis zu schnell abgebaut wurden. Ein Hund aus zweiter Hand kann ängstlich sein und muss erst noch Vertrauen fassen.

○ offen   ● geschlossen

»Bei mir!« und »Fuß!« in der Praxis

Und, zu viel versprochen? Sicher nicht. Ihr Hund läuft nun perfekt »Bei mir!« und »Fuß!« Entspannten Ausflügen in die Natur oder die Stadt steht nichts im Wege.

»Bei mir!« oder »Fuß!«?

Beide Kommandos können Sie mit und ohne Leine geben. Geht Ihr Hund an der Leine, soll er auch bei einem »Bei mir!« nicht daran ziehen. Beim Kommando »Fuß!« erübrigt sich das, denn jetzt hat Ihr Hund an Ihrem Bein zu kleben. Haben Sie Geduld, wenn Ihr unerfahrener Hund noch nicht korrekt an der Leine läuft. Zeigen Sie ihm aber bei jedem Spaziergang, wie es richtig geht. Da kann dann der Gang morgens zum Bäcker durchaus länger dauern, denn Sie müssen stehen bleiben, rückwärts gehen und die Richtung ändern. Mit jedem Leinenzug korrigieren Sie Ihren Hund, sollten die Leine also gezielt ein-

setzen. Vermeiden Sie jedoch, ihn mit einem heftigen Leinenruck zur Raison zu bringen, denn das kann ihm das ganze bisherige Training verleiden. Sind Sie gerade nicht in der Stimmung, mit ihm die Leinenführigkeit zu üben, lassen Sie ihn lieber zu Hause. Sonst bringen Sie ihm durch inkonsequentes Verhalten nur bei, dass er mit Zug zum Ziel gelangt. Und Sie müssen dieses Fehlverhalten mühsam wieder korrigieren.

»Bei mir!« richtig einsetzen

Das Kommando »Bei mir!« wählen Sie immer dann, wenn Ihr Hund in einem Radius von circa einem Meter um Sie herum laufen soll. Er darf weder durch die Gegend springen noch schnüffeln oder hinter Ihnen stehen bleiben. Entfernt er sich zu weit von Ihnen, obwohl Sie ihn noch bei sich haben wollen, wiederholen Sie das Kommando. So bleibt Ihr Vierbeiner immer in Ihrer Nähe, belästigt keine Menschen und nutzt uneinsichtige Stellen nicht, um sich davonzustehlen. Mit »Bei mir!« darf er sich ohne Leine und an einer langen Leine selbstständig entfernen. Sie lösen das Kommando dann nicht auf, sondern wiederholen es, wenn er näher kommen soll.

Unterwegs: Da Ihr Hund gelernt hat, nicht an der Leine zu ziehen, eignet sich eine Einmeterleine bestens als kurze Leine bei gemeinsamen Ausflügen. Denn an ihr hält Ihr Hund ganz von selbst das »Bei mir!«. Darf er von der kurzen Leine los, geben Sie beispielsweise in folgenden Situationen das Kommando »Bei mir!«: Ihr Hund läuft vor Ihnen und nähert sich zuerst einer Weggabelung, die Sie nicht komplett einsehen können. Mit »Bei mir!« holen Sie ihn in Ihre Nähe, gehen gemeinsam bis zur Wegkreuzung, überqueren diese und schon darf Bello weitersausen. Nähern sich Ihnen Fußgänger, rufen

An einer Einmeterleine hält der Vierbeiner von ganz alleine das Kommando »Bei mir!«. Er hat gelernt, nicht an der Leine zu ziehen.

Sie ihn mit einem »Bei mir!« zu sich. Reagieren die Menschen freundlich auf den Hund, und ist Platz für alle auf dem Weg, darf er gerne im »Bei mir!« bleiben, das Kommando »Fuß!« ist dann nicht nötig. Wenn Sie Ihren Hund von selbst gewählten Tätigkeiten beim Spaziergang abhalten möchten, wie vom Buddeln, trotzdem aber zügig weiter wollen, geben Sie ihm ein »Bei mir!«. Er weiß dann, dass er das Buddeln einstellen und mit Ihnen gehen soll. Rufen Sie Ihren Hund immer ganz zu sich oder nehmen ihn allzu oft ins Fuß, kann sich schnell Überdruss einstellen. »Nicht schon wieder!«, denkt sich dann ihr Vierbeiner. Ein »Bei mir!« ist viel entspannter.

»Fuß!« richtig einsetzen

Geben Sie Ihrem Vierbeiner ein »Fuß!«, soll er so dicht bei Ihnen gehen, dass er Körperkontakt mit Ihrem Bein hält. Diesen Kontakt hält er aufrecht, auch wenn Sie nach links oder rechts

Wird es auf dem Gehsteig eng, nehmen Sie Ihren Hund mit »Fuß!« nah zu sich heran. Dies gibt Ihnen, Passanten und auch Ihrem Hund Sicherheit.

TRAININGSPLAN
KOMMANDO-GUIDE: MITGEHEN

Offen: »Bei mir!« Der Hund geht mit oder ohne Leine in einem Radius von ca. einem Meter bei Ihnen, darf dabei seine Position frei wählen und muss keinen Blickkontakt halten. Das Kommando wird nicht aufgelöst. Es dient der Sicherheit und wird deswegen nach dem »Zu mir!« geübt.

Geschlossen: »Fuß!« Mit oder ohne Leine befindet sich die Schulter Ihres Hundes auf Höhe Ihres Knies oder Fußknöchels. Er hält Körper- und Blickkontakt. Sie lösen das Kommando auf. »Fuß!« wird für die restlichen geschlossenen Kommandos benötigt und daher nach den offenen trainiert.

abdrehen oder eine Kehrtwendung machen. Gehen Sie schneller oder langsamer, ist das ebenfalls kein Grund, den Köperkontakt aufzugeben. Ihr Hund bleibt an Ihrer Seite. Da »Fuß!« höchste Konzentration von ihm erfordert, sollten Sie es nicht auf allzu lange Strecken ausdehnen. Nutzen Sie das Kommando immer dann, wenn Sie ihn wirklich ganz nah bei sich haben möchten. Sei es, um Ihren Mitmenschen zu signalisieren, dass Sie Ihren Hund unter Kontrolle haben. Sei es, weil Sie gemeinsam sicher an einer Gefahrenstelle vorbei möchten, zum Beispiel einem entgegenkommenden aggressiven Hund. Oder sei es, weil Sie Ihrem Hund Sicherheit und Schutz in einer großen Menschenmenge geben möchten. Das Kommando »Fuß!« löst aber auch ein anderes Problem auf elegante Weise: Ihr Rüde pinkelt dann unterwegs nicht ständig an Zäune oder Gartenmauern. Das freut auch Ihre Nachbarn.

HINLEGEN: VOM »LEG DICH!« ZUM »PLATZ!«

»Leg dich!« und »Platz!« sind zwei für den Alltag wichtige Kommandos, denn es gibt immer wieder Situationen, in denen ein Hund besser liegt als sitzt. Sitzt ein Hund, ist er beispielsweise mit einem Kind immer noch auf Augenhöhe, was für Kind und Eltern beunruhigend sein kann. Auch manche Erwachsene fühlen sich oft wohler, wenn ein ihnen unbekannter Hund in ihrer Nähe liegt statt sitzt, besonders, wenn Sie den Umgang mit Vierbeinern nicht gewohnt sind oder sogar Angst haben. Ein »Platz!« dient aber nicht nur der Beruhigung anderer, es gibt auch Ihnen Sicherheit: Ein Hund steht aus dem Liegen langsamer auf als aus dem Sitzen. Das bietet Ihnen wenn

nötig mehr Zeit, auf Ihren Vierbeiner noch einwirken zu können. Liegt ein Hund auf dem Boden, kann er auch sein Umfeld nicht so gut überblicken wie aus der Sitzposition. Dadurch wird er nicht so leicht abgelenkt und die Versuchung ist geringer, Interessen nachzugehen, die seinem Menschen so gar nicht gefallen. Noch ein Pluspunkt: Ein Hund entspannt sich schneller, wenn er liegt. Denn er weiß, dass es nun nicht an ihm ist, Entscheidungen zu treffen, sondern an Ihnen. Führt Ihr Hund ein »Platz!« immer und überall perfekt aus, gibt das Ihnen ein großes Gefühl von Sicherheit und Sie können auch kritische Situationen entspannt meistern.

Hinlegen, ganz easy

Für viele Vierbeiner ist es zunächst gar nicht so einfach, sich aus dem Stehen sofort hinzulegen. Das müssen Sie mit Ihrem Hund richtig üben. Wenn die Pause aber wieder einmal länger dauert, dann liegen die meisten Hunde sowieso viel lieber als zu sitzen. Das macht Ihnen das alltägliche Anwenden dieses vielseitigen Kommandos gleich viel leichter.

»Leg dich!« und »Platz!«: die Unterschiede

So stellen sich beim offenen Kommando »Leg dich!« schnell erste Trainingserfolge ein. Da das geschlossene Kommando »Platz!« darauf aufbaut, sind auch dabei keine großen Schwierigkeiten zu erwarten, denn es müssen lediglich Geduld und Ausdauer geübt werden.

»Leg dich!« Ihr Hund soll sich auf das offene Kommando einfach hinlegen. Er darf seine Liegeposition frei wählen, sie ändern und selbstständig wieder aufstehen. »Leg dich!« ist ein konsequentes, aber trotzdem ganz entspanntes Kommando. Es klingt auch immer freundlicher als ein »Platz!«. Ihr Vierbeiner wird schnell lernen, dass die nächste Zeit meist gar nichts passiert, wenn Sie »Leg dich!« zu ihm sagen. Sie müssen es nicht weiter kontrollieren, korrigieren oder daran denken, es aufzulösen. Selbstverständlich dürfen Sie den Hund aber jederzeit mit einem erneuten »Leg dich!« noch einmal auffordern, sich wieder hinzulegen.

»Platz!« Das geschlossene Kommando sagt Ihrem Vierbeiner, dass er sich an der ihm zugewiesenen Stelle hinlegen und dort seine Position zuverlässig halten soll, bis Sie ihm das Aufstehen erlauben. Ohne ausreichende Übung dürfen Sie von ihm aber nicht verlangen, längere Zeit an einer Stelle mit hoher Ablenkung liegen zu bleiben. Das bedeutet, dass Sie ihn nach einem »Platz!« zunächst immer wieder kontrollieren, eventuell auch korrigieren und das Kommando auch stets ganz bewusst durch das Auflösen zu Ende bringen müssen. Darf Ihr Vierbeiner nach einem »Platz!« immer wieder ohne Ihre Erlaubnis aufstehen, verhalten Sie sich ihm gegenüber inkonsequent und er kann nicht lernen, wann er liegen bleiben soll und wann er aufstehen darf. Daher erfordern das Training und die alltägliche Umsetzung dieses geschlossenen Kommandos nicht nur viel Konzentration vom Hund, sondern auch von Ihnen. Doch das wird sich garantiert für Sie beide lohnen!

Ihr Hund kann schon »Platz!«
Unterstützen Sie ihn beim Umlernen und üben Sie es mit ihm als geschlossenes Kommando (→ Seite 92). Parallel dazu üben Sie mit ihm das offene »Leg dich!« wie auf den Seiten 88 und 89 beschrieben. Alternativ sagen Sie nach dem Kommando »Platz!« sofort »Leg dich!«, damit Ihr Hund es neu verknüpft, bis er für das offene Kommando »Platz!« nicht mehr braucht.

Platzablage unter Ablenkung ist eine tolle Leistung Ihres Hundes, die Sie entsprechend würdigen sollten.

Schritt 1 | Hund unter das Bein locken

Schritt 2 | Liegenden Hund belohnen

Schritt 3 | Die Übung ist beendet

»Leg dich!«

Die ersten Schritte des Kommandos »Leg dich!« fordern von Mensch und Hund körperlichen Einsatz: Das wird Ihnen sicher genauso viel Spaß machen wie Ihrem vierbeinigen Freund.

Limbo tanzen für Vierbeiner

Die Übung lässt sich wunderbar im Haus oder in der Wohnung ausführen, aber auch draußen im Garten oder auf einer Wiese.

1 Gehen Sie passend zur Größe Ihres Hundes in die Knie und strecken das linke Bein aus. Zwischen ausgestrecktem Bein und Boden sollte nur so viel Abstand sein, dass der Hund tief am Boden durchkrabbeln kann. Als Rechtshänder holen Sie nun den Hund an Ihre linke Seite – Linkshänder machen die Übung einfach seitenverkehrt. Locken Sie Ihren Hund dann mit einem Leckerli unter dem ausgestreckten Bein durch: Nehmen Sie dazu das Leckerli in die rechte Hand und drücken Sie es mit dem Daumen an die Handinnenfläche. Der Handrücken zeigt nach oben – so machen Sie Ihren Hund gleich mit dem passenden Sichtzeichen bekannt. Führen Sie nun den Hund mit Hilfe des Leckerli unter Ihrem Bein durch, halten Sie Ihre Hand dabei tief am Boden und ziehen Sie die Hand zur Seite. Ihr Hund wird sich flach machen und sich nach dem Leckerli strecken.

2 Automatisch legt Ihr Hund sich nun hin. Wenn er unter Ihrem Bein vollständig zum Liegen kommt, geben Sie sofort das Leckerli frei und belohnen ihn. Zeitgleich sagen Sie freundlich »Leg dich!«, damit er sein Handeln mit dem Kommando verknüpft.

Schritt 1 Hund locken

Schritt 2 Hund belohnen

3 Ihr ausgestrecktes Bein dient nur zur Begrenzung und Kontrolle, aber nicht zur Korrektur. Ziehen Sie es während der Übung bitte nicht nach unten – selbst dann nicht, wenn Sie es zu hoch angesetzt haben. Ihr Hund darf auf keinen Fall die Erfahrung machen, dass ihn Ihr Bein von oben bedrängt, sonst kann er schnell das Vertrauen in Sie und diese Übung verlieren. Sollte er sich wegen eines zu hoch gehaltenen Beines nicht hinlegen, beenden Sie die Übung trotzdem mit einer Spielbelohnung, denn es war ja Ihr Fehler. Beim nächsten Durchgang halten Sie Ihr Bein entsprechend tiefer, der Hund legt sich und bekommt sein Leckerli.

Ihr Hund lernt schnell, sodass Sie die Beinhilfe zügig abbauen können, indem Sie das ausgestreckte Bein nach jeder erfolgreichen Übung etwas höher nehmen, bis die Begrenzung nicht mehr nötig ist. Dadurch lernt er schrittweise, sich auf Kommando hinzulegen. Schließen Sie die Übung immer mit einem kurzen Spiel ab. Üben Sie täglich ein paar Minuten, das ist völ-

lig ausreichend. Beenden Sie die Übung, wenn Ihnen die Haltung unangenehm wird. Setzen Sie sich wenn nötig auf ein Kissen, einen Schemel oder lassen Sie sich helfen (→ Kasten, Seite 79).

»Leg dich!« für kleine Hunde

Auch mit kleinen Hunden lässt sich so das »Leg dich!« gut einüben. Wichtig ist nur, dass der Halter – egal, ob sein Vierbeiner ein Welpe oder ein Vertreter einer kleinen Rasse ist – mit seinem Bein entsprechend tief zum Boden kommt.

1 Knien Sie sich mit einem Bein auf den Boden und setzen Sie sich darauf. Strecken Sie das andere Bein gerade nach vorne. Üben Sie dann wie links beschrieben. Wollen Sie im Freien mit Ihrem Hund üben, nehmen Sie am besten eine Unterlage mit, damit Ihre Hose sauber bleibt und Ihnen der Spaß nicht durch eine nasse Wiese verdorben wird.

2 Beim kleinen Hund fällt es leichter, die Hilfe durch das Bein nach und nach abzubauen.

○ offen ● geschlossen

»Leg dich!« festigen

Ihr vierbeiniger Freund ist dank des bisherigen Trainings schnell so weit, dass er das Kommando »Leg dich!« ohne Begrenzung durch Ihr Bein ausführen kann.

Timing und Genauigkeit

Bleiben Sie beim Üben trotzdem weiterhin auf Augenhöhe mit Ihrem Hund. Gehen Sie in die Hocke oder auf die Knie, geben Sie das Kommando und machen Sie zeitgleich das Sichtzeichen. Die Belohnung nehmen Sie nicht aus der Tasche: Am besten haben Sie mehrere Leckerlis in der freien Hand und nehmen davon immer eines in die Signalhand. So ist zügig für Nachschub gesorgt, denn in dieser Phase ist es wichtig, dass Sie Ihren Hund sofort belohnen. Er bekommt seine Bestätigung für das Sich-Hinlegen und noch nicht für ein Liegenbleiben. Es muss also schnell gehen. Füttern Sie ihn von unten, am Boden vor seinen Beinen. So verleiten Sie ihn durch die Belohnung nicht zum Aufstehen. Wird der Vierbeiner nach dem Aufspringen belohnt, verknüpft er falsch, denn so wird das Aufstehen und nicht das Sich-Hinlegen belohnt. Also: Zügig und tief belohnen! Wenn Sie alles richtig machen, können Sie dabei recht schnell vor Ihrem Hund stehen bleiben.

Übung: Stellen Sie sich vor Ihren Hund und geben Sie ihm das Kommando »Leg dich!« gemeinsam mit dem Sichtzeichen. Ihr Hund wird sich hinlegen. Wichtig: Belohnen Sie ihn auch jetzt zügig und tief unten. Er wird immer noch für das Sich-Hinlegen bestätigt. Macht Ihr Hund diese Übung sicher mit, steigern Sie die Anforderungen. Üben Sie in fremder Umgebung: im Garten, auf einem Feldweg, einer Wiese. Nutzen Sie die Spaziergänge und überraschen Sie Ihren Hund immer wieder mit einem kurzen »Leg dich!«. Achten Sie anfangs darauf, dass die Ablenkung noch nicht allzu groß ist. Erst nach und nach können Sie auch dies steigern. Verlangen Sie nun auch von ihm, dass er sich auf unterschiedliche Böden legt: Teppiche, Steinfliesen, Sand, Gras, vor allem auch je nach Jahreszeit nasses Gras oder Schnee. Denn der Hund soll lernen, sich hinzulegen, auch wenn ihm der Untergrund unangenehm ist. Später beim »Platz!« muss Ihr Hund zuverlässig liegen bleiben – auch auf einer pitschnassen Wiese.

Kombinieren: Üben Sie die Kommandos »Leg dich!« und »Setz dich!« miteinander. Fordern Sie Ihren Hund flott hintereinander auf, sich zu setzen und dann wieder zu legen. Unterstützen Sie ihn zunächst dabei und halten Sie ihm das Leckerli immer direkt vor die Nase, denn er muss die Kommandos noch nicht allein nur durch die Stimme ausführen. Ihr Hund wird sicherlich mit Eifer bei der Sache sein.

Der Hund liegt rechts vom Menschen und ganz schief. Trotzdem: Ein perfektes »Leg dich!«. Steht der Hund gleich wieder auf, ist auch das okay.

| Fehler | 1 | Zum Schummeln verleiten |

| Fehler | 2 | Unabsichtlich bedrängen |

Spielzeug statt Leckerchen

Lässt sich Ihr Hund durch Leckerlis nicht beeindrucken, sondern findet Spielzeug spannend, so bestätigen Sie ihn damit. Nehmen Sie ein kleines Spielzeug, das Sie mit dem Daumen an der Handinnenfläche fixieren können, das sich aber trotzdem zum gemeinsamen Spiel am Platz eignet. Üben Sie wie vorangehend beschrieben mit Ihrem Vierbeiner. Legt er sich hin, geben Sie ihm statt des Leckerli das Spielzeug zur Belohnung. Wichtig: Belohnen Sie ihn auch mit Spielzeug nah am Boden. Kommt die Bestätigung von oben oder fliegt gar ein Spielzeug durch die Luft, wird jeder Anfängerhund sofort wieder aufspringen. Die Verleitung ist einfach zu groß. Wenn er es genommen hat, dürfen Sie damit dann auch gleich an Ort und Stelle zum Spielen übergehen.

Fehler vermeiden

Wenn es mit der Übung am Boden nicht so richtig klappen will, haben sich vielleicht Fehler eingeschlichen. Folgendes kann passiert sein:

1 Hier hat die Halterin die Hand nicht weit genug zur Seite gezogen. Der Hund kommt mit der Schnauze an die Belohnungshand, ohne dass er weit genug unter dem Bein hindurch ist. Dadurch liegt sein Bauch nicht am Boden auf und sein Po ist in die Luft gestreckt. Da der Hund nicht korrekt liegt, darf er nicht belohnt werden. Ihn trifft jedoch keine Schuld. Bekommt er öfter hintereinander keine Belohnung, wird er schnell die Lust an der Übung verlieren. Belohnt man den Hund trotzdem, so lernt er: »Vorderkörper kurz runter, Po nach oben! Das reicht, um an Beute zu kommen.« Er wird auch in Zukunft versuchen zu schummeln.

2 Jetzt macht die Halterin zwei große Fehler. Ihre Hand liegt nicht am Boden, sondern schwebt über dem Hund. Sie zieht ihn mit der Belohnung regelrecht nach oben. Damit der Hund nicht aufsteht, nimmt sie zeitgleich das Bein tief und drückt den Hund nach unten – sie bedrängt ihn. So verleiden Sie jedem Hund die Übung und das Mitarbeiten.

 offen   ● geschlossen

»Platz!« schrittweise

Vom »Leg dich!« zum »Platz!« ist es ein leichter
Schritt. Aber das Kommando fordert Konzentration und Durchhaltevermögen von Ihrem Hund.
Er sollte also auch in der Lage sein, liegen bleiben zu können. Ist Ihr Vierbeiner noch jung und
hat entsprechend viele Hummeln im Po, ist es
besser, mit dem »Platz!« noch etwas zu warten
und weiter das »Leg dich!« zu festigen.

Ausdauer und Konzentration

Sind die Voraussetzungen gut und ist das »Leg
dich!« bei Ihrem vierbeinigen Freund gefestigt,
kann es mit der Platz-Übung losgehen.

Schritt 1 | Vor den Hund stellen

1 Wählen Sie hierfür eine gewohnte Umgebung, die frei ist von jeglicher Ablenkung.
Stellen Sie sich vor Ihren Hund.

2 Sagen Sie nun »Platz!« und geben Sie zeitgleich dasselbe Sichtzeichen wie für das
Kommando »Leg dich!«. Da Ihr Hund Ihre
Körpersprache kennt und versteht, wird er
das Kommando ausführen, auch wenn ihm
das gesprochene Wort fremd ist.

3 Belohnen Sie den Hund sofort tief unten
zwischen seinen Beinen. So verleiten Sie ihn
nicht zum Strecken oder Aufstehen. Bei jungen oder unerfahrenen Hunden gehen Sie
am besten auch bei der Platz-Übung anfangs
in die Hocke. Geben Sie ihm nun drei, vier
Leckerlis hintereinander, damit er liegen
bleibt, und lösen Sie dann die Übung mit
»Okay« auf. Ist Ihr Hund mit Ihrer Erlaubnis
aufgestanden, spielen Sie kurz mit ihm dort,
wo er gelegen hat. Anschließend wiederholen
Sie die Übung an genau derselben Stelle.

Ihr Hund wird sehr schnell lernen, dass von
ihm bei einem »Platz!« Ähnliches wie beim »Leg
dich!« erwartet wird, dass es aber doch etwas
Neues ist. Dadurch wird er es rasch als neues
Kommando akzeptieren. Ist das »Platz!« später
gefestigt, können Sie auch ein Folgekommando zum Auflösen verwenden. Zum Beispiel ein
»Sitz!« oder ein »Fuß!«. Zu Beginn der Übung
reicht ein »Okay« völlig aus. Alles andere wäre in
diesem Moment noch zu viel.

Belohnen – aber richtig

Um das Liegenbleiben zu festigen, füttern Sie
den Hund reichlich. Versuchen Sie, dabei in eine
aufrechte Position zu kommen, und hören Sie
nicht auf, Leckerlis zu geben. Wichtig: Beugen Sie
sich beim Belohnen nicht über Ihren Vierbeiner,
denn Überbeugen ist eine Dominanzgeste, die
sagt »Weiche!«. Aber genau das wollen Sie nicht.
Der Hund soll keinen Grund zum Aufstehen
erhalten. Also: Weiter füttern und gerade bleiben!

Schritt 2 »Platz!« sagen

Schritt 3 Nahe am Boden belohnen

Die Dauer erhöhen

Nun beginnen Sie, die Ausdauer Ihres vierbeinigen Freundes zu trainieren.

Übung: Nehmen Sie reichlich Futter in eine Hand und sagen Sie »Platz!«. Halten Sie die leere Hand zwischen die Hand mit dem Futter und den Vierbeiner, damit er der Futterhand nicht folgt und seine Platzposition verliert. Geben Sie mit der leeren Hand das Handzeichen und dann ein Leckerli aus der Futterhand. Wechseln Sie beides immer wieder miteinander ab. Jetzt wird es schwieriger: Geben Sie das Handzeichen und verstecken Sie zeitgleich die Futterhand hinter Ihrem Rücken – Ihr Hund sieht nur das Handzeichen. Zählen Sie bis drei, dann holen Sie die Futterhand hervor und füttern ihn. Erhöhen Sie nun langsam die Zeit des Wartens. So lernt Ihr Hund liegen zu bleiben, denn er weiß, dass er dafür immer wieder ein Leckerli bekommt. Bleiben Sie dabei stets bei Ihrem Hund. Gehen Sie bitte nicht von ihm weg, denn das Liegenbleiben ist noch nicht gefestigt. Sobald Sie sich entfernen, wird er wahrscheinlich aufstehen, um Ihnen zu folgen. Erst wenn Ihr Hund für kurze Zeit geduldig liegen bleibt, können Sie das Training steigern und sich von Ihrem Hund entfernen.

»Platz!« richtig korrigieren

Ist Ihr Hund selbstständig aufgestanden, legen Sie ihn freundlich, aber bestimmt an seinen Platz zurück. Dirigieren Sie ihn dabei gerne mit einem Leckerli, belohnen Sie ihn aber nicht. Sonst verknüpft er Folgendes: »Wenn ich aufstehe, bekomme ich Futter. Also stehe ich auf.« Belohnen Sie ihn auch nicht, sobald er sich wieder hingelegt hat. Denn auch dann verknüpft er falsch, und zwar: »Aufstehen und wieder hinlegen bedeutet, dass ich ein Leckerli bekomme.« Sagen Sie stattdessen wieder freundlich, aber bestimmt »Platz!«, zeigen Sie ihm das Handzeichen, zählen Sie langsam bis drei und füttern Sie erst dann. So wird er für sein Liegenbleiben und nicht fürs Aufstehen oder das Hinlegen belohnt.

○ offen   ● geschlossen

»Platz!« festigen

Bleiben Sie für diese Platzübung bitte in gewohnter Umgebung. Ihr Hund hat genug damit zu tun, dass Sie sich von ihm entfernen und er liegen bleiben soll. Ablenkung von außen würde seiner Konzentration nur schaden.

Den Abstand vergrößern

Das Kommando »Platz!« verlangt von Ihrem Hund viel Geduld. Deshalb ist es wichtig, dass auch Sie Geduld haben und den Schwierigkeitsgrad nur in kleinen Schritten steigern.

1 Stellen Sie sich vor Ihren Hund, legen Sie ihn ins Platz und zählen Sie bis zehn. Bleibt er liegen, ist das eine tolle Leistung. Jetzt können Sie die Anforderung weiter steigern.

2 Legen Sie den Hund vor sich ins Platz. Machen Sie einen Wiegeschritt, indem Sie mit einem Bein nach hinten gehen, Ihr Gewicht erst darauf und dann wieder auf das vordere Bein verlagern. Sie bewegen sich nicht vom Hund weg. Belohnen Sie ihn für jeden Wiegeschritt. So einfach Ihnen diese Übung erscheinen mag, so schwer ist sie für Ihren Hund. Denn Sie bewegen sich. Er aber soll geduldig liegen bleiben.

3 Können Sie mehrere Wiegeschritte hintereinander machen, während Ihr Hund liegen bleibt, wird es noch schwerer: Sie gehen rückwärts von ihm weg. Zunächst nur einen Schritt. Dann gehen Sie sofort wieder zurück zum Hund und belohnen ihn. Dann gehen Sie wieder einen Schritt zurück, warten kurz und gehen erst dann wieder zu ihm. Anschließend wiederholen Sie das, diesmal aber mit zwei Schritten. Steigern Sie den Abstand und die Wartezeit in ganz kleinen Einheiten und zeigen Sie Ihrem Hund immer das Handzeichen. Entfernen Sie sich stets nur so weit von Ihrem Vierbeiner, wie ihm das noch angenehm ist und er wirklich liegen bleibt. Belohnen Sie ihn bei jedem Zurückkommen. Gerade am Anfang des Trainings ist es wichtig, das Kommando rechtzeitig aufzulösen. Ein junger oder unerfahrener Hund kann das Platz noch nicht lange halten. Für ihn ist es schon eine große Leistung, wenn er kurze Zeit liegen bleibt. Beenden Sie die Übung rechtzeitig, aber konsequent.

Bleibt Ihr Hund zuverlässig liegen und wartet, bis Sie wieder bei ihm sind, können Sie das Kommando »Platz!« mit einem Folgekommando auflösen, etwa »Setz dich«. Führt er das korrekt aus, wird natürlich sofort belohnt. Wichtig: Gehen Sie zum Beenden der Übung bitte weiterhin zu ihm zurück und holen Sie ihn aus seiner Liegeposition ab. Rufen Sie ihn noch nicht aus der Entfernung, denn das verleitet viele Hunde, beim nächsten Mal selbstständig aufzustehen.

DER TRICK MIT DEM BLICK: SO BLEIBT IHR HUND ENTSPANNT

Schauen Sie Ihrem Hund beim Kommando »Platz!« nicht direkt in die Augen. Sehen Sie lieber an ihm vorbei oder beispielsweise auf seine Ohren. In die Augen sehen heißt: »Weiche zurück, ich bin der Stärkere!« Ihr Vierbeiner soll aber nicht zurückweichen, sondern im Platz liegen bleiben.

Richtig dosieren

Ist Ihr Hund selbstständig aufgestanden, dirigieren Sie ihn wieder in die Ausgangsposition und legen ihn erneut ab (→»Platz!« richtig korrigieren, Seite 93). Entfernen Sie sich kurz rückwärts und belohnen Sie ihn dann fürs Liegenbleiben. Achten Sie darauf, dass Sie keine Korrektur belohnen. Hat der Hund keine Ausdauer mehr, machen Sie eine kurze Platzübung, belohnen ihn und beenden die Übung positiv. Steht er immer wieder auf, ist die Entfernung zu weit oder die Wartezeit zu lang. Gehen Sie zunächst nur rückwärts von Ihrem Hund weg und zeigen Sie ihm stets Ihre Front, denn das macht ihm das Liegenbleiben leichter. Ihre Körpersprache vermittelt ihm dabei: Bleib, wo du bist! Würden Sie sich mit dem Rücken zum Hund entfernen, signalisieren Sie ihm, Ihnen zu folgen. Jeder unerfahrene Hund wird sofort freudig aus dem Platz aufspringen, um zu Ihnen zu kommen.

Tempo und Richtung: Gehen Sie vor allem bei jungen Hunden nicht zu schnell rückwärts, auch das verleitet zum Kommen. Aus diesem Grund sollten Sie sich auch in einer geraden Linie von Ihrem Vierbeiner entfernen. Gehen Sie schief von ihm weg, wird er sich nach Ihnen ausrichten und so in eine schiefe Liegeposition geraten. Ihr Ziel ist es aber, dass er genau in der Position liegen bleibt, in der Sie ihn abgelegt haben.

Abwechslungsreich üben

Um keine Langeweile aufkommen zu lassen, üben Sie abwechslungsreich. Bieten Sie Ihrem Hund immer wieder neue Kombinationen von Wiegeschritt, Rückwärtsentfernen und Belohnen an. So bleibt er konzentriert und interessiert bei der Sache und wartet geduldig auf neue Infos von Ihnen. Beenden Sie die Übung auch mit unterschiedlichen Kommandos. Eines aber bleibt: Spielen Sie nach dem Training ausgelassen mit Ihrem Hund. Er hat es sich verdient.

Übung 1 Vor dem Hund stehend bis Zehn zählen

Übung 2 »Platz!« mit Wiegeschritt üben

Übung 3 Rückwärts vom liegenden Hund entfernen

 offen  geschlossen

| Übung | 1 | Machen Sie den Hampelmann |

| Übung | 2 | Den Hund umrunden |

»Platz!« mit Ablenkung üben

Sie können sich nun schon etliche Schritte rückwärts von Ihrem Hund entfernen, einige Zeit warten und dann zu ihm zurückgehen. Er bleibt liegen, bis Sie ihn abholen und mit einem Kommando aus dem Platz lösen. Sie haben beide toll gearbeitet. Nun festigen Sie das »Platz!« weiter.

Liegen bleiben – auf jeden Fall

Zunächst bringen Sie Ihrem Hund bei, im Platz liegen zu bleiben, auch wenn Ihre Körpersprache sagt: »Jetzt wird's lustig …« oder »Folge mir!«.

1 Nun wird es albern: Legen Sie Ihren Hund ins Platz, gehen Sie rückwärts und bleiben Sie in einiger Entfernung stehen. Machen Sie einen Hampelmann und provozieren Sie den Hund, aufzustehen. Lässt er sich verleiten, legen Sie ihn ins »Platz!« zurück und wiederholen die Übung mit geringerem Abstand.

2 Können Sie Ihren Hund durch Ihr Gezappel nicht mehr aus der Ruhe bringen, steigern Sie die Schwierigkeit, indem Sie ihn umrunden. Schauen Sie ihn während der Übung an und zeigen Sie ihm das Handzeichen. Ihr Hund wird Ihnen mit seinem Kopf folgen und Sichtkontakt halten. Sehr gut. Er darf aber nicht in Ihre Richtung robben und seine Liegeposition ändern. Sind Sie wieder vor ihm, belohnen Sie ihn. Steht er zwischendurch auf oder ändert er seine Liegeposition, korrigieren Sie ihn. Klappt das, umrunden Sie ihn ohne Blickkontakt und Handzeichen.

3 Die nächste Übung ist ebenfalls sehr schwer für Ihren Vierbeiner, denn nun wenden Sie ihm den Rücken zu, während Sie sich entfernen. Zunächst drehen Sie sich einfach nur um, und wenden sich ihm dann gleich wieder zu. Dann gehen Sie ein, zwei Schritte mit Rücken zu Ihrem Hund, drehen Sie

○ offen ● geschlossen

| Übung | 3 | Den Rücken zuwenden |

| Übung | 4 | Die Ablenkung steigern |

sich um und zeigen ihm das Handzeichen. Gehen Sie zurück zu ihm und belohnen Sie ihn. Dann wiederholen Sie das Ganze. Bei dieser Übung sagt Ihre Körpersprache: »Ich gehe, folge mir!« Es ist eine wirklich großartige Leistung, wenn Ihr Hund dann auf Ihr Kommando hört und liegen bleibt. Vor allem jungen Hunden fällt das schwer, denn sie haben Angst, verlassen zu werden. Zeigen Sie Geduld, bleiben Sie freundlich und vergrößern Sie die Abstände nur sehr langsam.

4 Jetzt üben Sie mit Ablenkung: Suchen Sie sich Übungsplätze, die mehr Geduld und Zuverlässigkeit von Ihrem Hund fordern. Die Ablenkung darf zu Beginn aber noch nicht allzu groß sein. Wählen Sie eine Wiese oder einen Weg, wo Sie die Umgebung gut im Blick haben und kein Autoverkehr oder andere Gefahren lauern. Bemerken Sie beim Training Spaziergänger oder Kinder, die Ihren Hund ablenken könnten, gehen Sie anfangs schnell zu ihm zurück, belohnen das Liegenbleiben und lösen die Übung

auf. Ist Ihr Hund schon gefestigter, gehen Sie bei Ablenkung zu ihm zurück und richten seine Aufmerksamkeit mit viel Futter auf sich. Bleibt er sicher liegen, können Sie ihm zutrauen, auch unter Ablenkung das »Platz!« zu halten. Menschen, die sich schnell bewegen, andere Hunde, Katzen oder Wildtiere sind aber nach wie vor eine große Verleitung für ihn. Seien Sie dabei besonders wachsam: Lösen Sie das Platz rechtzeitig auf und leinen Sie ihn an, damit Sie die Kontrolle behalten.

Wenn Ihr Hund später das Kommando »Fuß!« kennt, soll er sich neben Ihnen ins »Platz!« legen. Nehmen Sie ihn mit »Fuß!« in die Ausgangsposition (→ Seite 93) und sagen Sie »Platz!«. Der Vorteil: Mit dem Kommando »Fuß!« können Sie ihn sicher und zielgerichtet an die Stelle bringen, wo er sich hinlegen soll. Ein umständliches Ausrichten entfällt. Bleibt Ihr Vierbeiner in allen Situationen zuverlässig im Platz liegen, bis Sie es mit einem Kommando auflösen, dann haben Sie und er hervorragende Arbeit geleistet. Sie können beide wirklich stolz auf sich sein.

 offen ⬤ geschlossen

| Schritt | 1 | »Platz!« sagen |

| Schritt | 2 | Vom Hund entfernen |

| Schritt | 3 | Abstand vergrößern |

»Platz!« für Fortgeschrittene

Nun lernt Ihr Hund weitere beeindruckende Kommandofolgen. »Platz!« aus der Bewegung ist sogar Bestandteil der Begleithundeprüfung.

»Platz!« auf Distanz

Bis jetzt haben Sie Ihren Hund vor oder neben sich ins Platz gelegt und sich dann von ihm entfernt. Nun drehen Sie die Situation um.

Übung: Leichter, ist es wenn Ihr Hund sitzt, er kann aber auch stehen. Entfernen Sie sich einen halben Schritt von ihm und sagen Sie erst dann »Platz!«. Legt er sich hin, gehen Sie zurück und belohnen ihn. Erhöhen Sie bitte auch hier nur langsam die Abstände und Wartezeiten und lösen Sie das Kommando immer bei Ihrem Hund auf, damit er zuverlässig liegen bleibt. Zeit und Geduld zahlen sich aus, denn ein zuverlässiges »Platz!« aus der Entfernung kann im Alltag in verschiedenen Situationen eine große Hilfe sein.

Muss man immer zum Hund zurück, um das Kommando aufzulösen? Kann man ihn nicht einfach abrufen? Ja, aber bitte erst, wenn die Platzübung auch wirklich gefestigt ist. Denn das Wichtigste beim »Platz!« ist, dass Sie sich immer darauf verlassen können, dass Ihr Vierbeiner zuverlässig liegen bleibt. Alles andere kann im Alltag gefährlich sein.

Übung: Bleibt Ihr Vierbeiner zuverlässig liegen, können Sie beginnen, ihn mit einem »Hier!« abzurufen (→ Seite 64). Verwenden Sie bitte kein »Bei mir!« oder nur seinen Namen. Ihr Hund soll aus dem Platz immer zielgerichtet zu Ihnen kommen. So vermeiden Sie, dass er dem Anlass für Ihr Platzkommando, wie einem Wildtier, dem Postboten, einem Artgenossen oder einem rennenden Kind, doch noch nachgeht. Am besten geben Sie die Kommandofolge »Platz!« und »Hier!«, lassen Ihren Hund dabei ordentlich vorsitzen und leinen ihn sofort an. So kann er nicht mehr weg.

Schritt	4	Zum Hund gehen	Schritt	5	Belohnen

gen bleibt, und kehren zu ihm zurück. Legt er sich nicht sofort hin, warten Sie kurz, bis er liegt, gehen dann einen Schritt weiter, kehren zu ihm zurück und belohnen ihn. Sie müssen dies sicher oft wiederholen. Folgt Ihr Hund Ihnen, korrigieren Sie wie üblich. Bedenken Sie: Sie verlangen viel von ihm: Ihr Hund soll sich aus der Bewegung legen, während Sie einfach weitergehen.

»Platz!« aus der Bewegung

Nun verlangen Sie Höchstleistungen von Ihrem Hund, doch diese Übung wird Ihnen beiden Spaß machen: »Platz!« aus der Bewegung. Voraussetzungen sind ein gefestigtes »Platz!«, »Fuß!« und »Hier!«. Ihr Ziel: Bleibt Ihr Hund zuverlässig aus der Bewegung im »Platz!« liegen, drehen Sie sich um, warten kurz und lösen dann die Übung mit »Hier!« auf. Dabei sollten Sie schon zwanzig Schritte von ihm weggehen können.

1 Nehmen Sie Ihren Hund ins »Fuß!« und gehen Sie einige Schritte. Während des Gehens sagen Sie »Platz!«, laufen auf der Stelle weiter und gehen sofort mit dem Leckerli nach unten, damit der Hund zuerst mit seinem Vorderteil nach unten geht. Solange der Po zuerst nach unten fällt, braucht der Hund die Hand noch als Hilfe.

2 Legt Ihr Hund sich sicher hin, gehen Sie langsam zwei, drei Schritte weiter. Erst dann drehen Sie sich um. Wird ihr Hund unsicher, geben Sie ihm das Sichtzeichen, damit er lie-

3 Erhöhen Sie nur sehr langsam die Abstände. Drehen Sie sich um und warten Sie kurz.

4 Gehen Sie dann ruhig, aber zügig zu Ihrem Vierbeiner zurück.

5 Belohnen Sie ihn tief unten, um ihn nicht doch noch zum Aufstehen zu animieren. Klappt das gut, vergrößern Sie allmählich den Abstand und rufen »Hier!«.

»PLATZ!« OHNE MISSVERSTÄNDNISSE

Verbinden Sie nicht den Namen Ihres Hundes mit dem Kommando »Platz!«. Denn »Momo, Platz!« bedeutet: »Zu mir, Platz!« Wofür Ihr Hund sich wohl entscheidet? Wollen Sie Ihren Hund aufmerksam machen, sagen Sie seinen Namen, warten bis er kommt, und sagen dann erst »Platz!«.

○ offen ● geschlossen

»Leg dich!« und »Platz!« in der Praxis

Hunde verhalten sich sehr unterschiedlich. Je nach Rasse, Charakter oder Erfahrung reagieren Sie auf ein und dieselbe Situation höchst verschieden. Was für die einen eine spannende Verleitung ist, lässt andere völlig kalt. Manche Hunde reagieren in bestimmten Situationen ängstlich und können sich nur schlecht konzentrieren, andere bleiben cool und gelassen.

»Leg dich!« oder »Platz!«?

Sie kennen Ihren Hund am besten. Also können auch Sie am besten einschätzen, bei welcher Gelegenheit Sie das offene Kommando »Leg dich!« verwenden. Und wann es ratsam ist, ein geschlossenes »Platz!« zu wählen. Bevor

Sie Ihrem Hund das Kommando zum Hinlegen geben, überlegen Sie kurz, was genau Sie von ihm in dieser Situation wollen.

»Leg dich!« richtig einsetzen

Soll Ihr Hund sich nur hinlegen, damit er nicht im Weg ist, sich kurz beruhigt oder einfach bei Ihnen bleibt, reicht ein »Leg dich!« meist aus.
Freunde besuchen: Während des Kaffeetrinkens bei Freunden können Sie Ihrem Hund mit »Leg dich!« bedeuten, sich hinzulegen. Hauptsache, er bleibt in Ihrer Nähe und verhält sich ruhig. Sie müssen ihn nicht kontrollieren. Eine für alle entspannte Situation. Nervt Ihr Hund trotz des wiederholten »Leg dich!«, können Sie wie beim »Sitz!« handeln (→ Seite 115).

Nach einem lockeren »Leg dich!« kann Frauchen in aller Ruhe lesen. Und der Hund schläft erst mal ein.

»Platz!« Jetzt spielen wir nicht. Nach einem »Okay«
darf der Hund aufstehen und sein Körbchen verlassen.

»Platz!« richtig einsetzen

Ihre Freunde haben kleine Kinder, die ängstlich auf Ihren Hund reagieren? Dann legen Sie Ihren Hund mit dem Kommando »Platz!« an eine für ihn angenehme Stelle. Dort soll er bleiben. Zugleich bitten Sie natürlich die Kinder, den Hund an seinem Platz nicht zu stören. Sie und Ihre Freunde werden sich nicht ausschließlich auf Ihr Gespräch konzentrieren können, denn Hund und Kinder sollten Sie immer im Auge behalten. Da Sie sich aber auf Ihren Hund verlassen können, wird auch dieser Nachmittag entspannt verlaufen.

Vergewissern Sie sich aber, dass Sie das Kommando »Platz!« wirklich kontrollieren, korrigieren und auch auflösen können. Können oder wollen Sie ein »Platz!« nicht konsequent umsetzen, wählen Sie besser ein »Leg dich!«. Denn so bleiben Sie Ihrem Hund gegenüber immer konsequent. Jedes »Platz!«, das der Hund ohne Korrektur selbst auflöst, stellt Ihre Autorität in Frage und Sie können sich dann eventuell nicht mehr voll auf Ihren Hund verlassen. Notfälle, in denen Sie Ihren Hund ohne jede Möglichkeit der Kontrolle oder Korrektur in ein »Platz!« legen müssen, werden zum Glück selten sein, dann muss es aber klappen. Überlegen Sie auch immer, ob Ihr Hund überhaupt in der Lage ist, ein »Platz!« korrekt auszuführen. Hat er zum Beispiel bei Gewitter Angst, so werden Sie ihn dann kaum dazu bringen, geduldig längere Zeit am selben Ort zu liegen. Seine Angst wird stärker sein als sein Wille, Ihnen Ihren Wunsch zu erfüllen.

Im Training bleiben: Verwenden Sie das Kommando »Leg dich!« im Alltag häufiger als ein »Platz!«, vergessen Sie nicht, das längere Liegenbleiben immer wieder zu üben. Nur so können Sie sicher sein, dass Ihr Hund seine Ausdauer behält. Üben Sie auch immer wieder in Situationen ohne Ablenkung. Legen Sie Ihren Hund immer nur dann ins Platz, wenn Sie etwas Spannendes sehen, wird er schnell bemerken, dass eine Ablenkung immer ein »Platz!« bedeutet, und umgekehrt. Bald sucht er dann nach der Ablenkung und ist im »Platz!« unkonzentriert.

TRAININGSPLAN
KOMMANDO-GUIDE: HINLEGEN

Offen: »Leg dich!« Der Hund legt sich hin. Er darf seine Position selbst wählen und das Kommando von sich aus beenden. Er soll von Anfang an lernen, sich aus dem Stehen richtig hinzulegen, deswegen wird es vor dem »Setz dich!« geübt.

Geschlossen: »Platz!« Der Hund legt sich an die zugewiesene Stelle und bleibt so lange liegen, bis Sie ihm erlauben, aufzustehen. Bleibt er sicher zwei Minuten liegen, starten Sie mit »Sitz!«. Warten Sie mit »Platz!« aus der Bewegung, bis er das Kommando zuverlässig und länger befolgt. Rufen Sie ihn noch nicht mit »Hier!« ab.

HINSETZEN: VOM »SETZ DICH!« ZUM »SITZ!«

Sie haben das sicherlich auch schon beobachtet: Eine Frau bindet ihren Hund vor einem Laden an, sagt »Sitz!« und geht zum Shoppen. Und was macht der Hund? Der steht auf und fixiert gebannt die Türe, aus der sein Frauchen hoffentlich bald wieder herauskommt. Die Frau im Laden kann ihren Hund nicht kontrollieren oder korrigieren. Will sie auch gar nicht. Denn sie ist mit Shoppen beschäftigt. Hat sie bezahlt, geht sie nach draußen und freut sich, dass ihr Hund sich freut. Sie lobt ihn für sein braves Warten. Das Kommando »Sitz!« ist längst vergessen. Mit ihrem Hund will die Frau anschließend die Straße überqueren. An der Gehsteigkante sagt sie

»Sitz!«. Ihr Hund setzt sich. Sieht auf der anderen Straßenseite eine Katze, springt auf, saust los. Zum Glück ist er an der Leine! Trotzdem folgt für ihn ein großes Donnerwetter. Doch woher soll ein Hund wissen, dass ein »Sitz!« in unterschiedlichen Situationen Unterschiedliches bedeutet? Manchmal wird von ihm erwartet, sich kurz hinzusetzen, ein anderes Mal soll er aber auf der Stelle sitzen bleiben. Er kann es nicht wissen. So sehr Ihr Hund sich auch bemüht, alle Ihre Wünsche zu erfüllen, Ihre Gedanken kann er nicht lesen. Für eine vertrauensvolle Mensch-Hund-Beziehung ist es aber wichtig, dass keine Missverständnisse entstehen.

Hinsetzen, na klar

Sagen Sie Ihrem vierbeinigen Freund eindeutig, was Sie von ihm erwarten. Geben Sie ihm daher zwei Kommandos für das Hinsetzen: Das offene »Setz dich!« und das geschlossene »Sitz!«, damit erst gar keine Verständnisprobleme auftreten.

»Setz dich!« und »Sitz!«: die Unterschiede

Verwenden Sie die beiden Kommandos konsequent im Alltag, wird sich Ihr Hund auch entsprechend zuverlässig verhalten. Dazu müssen Sie jedoch überlegen, wann Sie was von Ihrem Hund erwarten. Und natürlich, ob Sie selbst überhaupt in der Lage sind, Ihrem Hund zu helfen, das Kommando korrekt umzusetzen, indem Sie ihn kontrollieren und korrigieren, wann immer es die Situation erfordert.

»Setz dich!« Geben Sie Ihrem Hund das Kommando »Setz dich!«, soll er sich hinsetzen. Mehr nicht. Er kann seine Sitzposition frei wählen und vor Ihnen, auf Ihrer linken oder rechten Seite oder schräg vor Ihnen sitzen. Er muss auch nicht dauerhaft an einer Stelle sitzen bleiben, sondern darf seine Haltung jederzeit ändern und sich hinlegen oder wieder aufstehen, denn Sie lösen das offene Kommando ja nicht auf. Dies wäre beispielsweise vor der Ladentür das bessere Kommando gewesen. Wiederholen Sie das Kommando »Setz dich!«, muss er sich nicht wieder an dieselbe Stelle setzen. Wichtig bei diesem Kommando ist nur, dass er sich setzt. Ihr Hund lernt das Kommando »Setz dich!« erstaunlich flott. Und weil das fortgeschrittene Kommando »Sitz!« dann auf dem »Setz dich!« aufbaut, kann Ihr Hund auch dieses Kommando sehr schnell erfolgreich ausführen. Lediglich seine Geduld und seine Ausdauer müssen trainiert werden.

»Sitz!« Sagen Sie zu Ihrem Vierbeiner »Sitz!« erwarten Sie, dass er sich an die ihm zugewiesene Stelle setzt und dort so lange zuverlässig sitzen bleibt, bis Sie ihm das Aufstehen wieder erlauben. Sie lösen das geschlossene Kommando auf, nicht der Hund. An einer Gehsteigkante ist das zur Sicherheit aller mehr als ratsam. Können oder wollen Sie ein »Sitz!« nicht konsequent umsetzen, geben Sie Ihrem Hund auf jeden Fall das Kommando »Setz dich!«.

Ihr Hund kann schon »Sitz!«

Ihr Hund kennt bereits »Sitz!«. Doch mit der Zuverlässigkeit hapert es im Alltag? Damit Sie sich auf ihn verlassen können und konsequent bleiben, lernt er einfach auf die geschlossene Variante um. Tina Horn macht das so: Kennt der Hund bereits das klassische »Sitz!«, übt sie das mit ihm als geschlossenes Kommando (→ Seite 106). Zeitgleich macht sie ihn mit dem offenen »Setz dich!« vertraut, dabei gibt es zwei Möglichkeiten: Entweder arbeitet sie mit ihm die Übung genau wie auf den Seiten 104 und 105 beschrieben. Oder sie sagt das ihm bekannte »Sitz!« und unmittelbar danach ein »Setz dich!«. Der Hund verknüpft sehr schnell und schon bald ist das vorangestellte »Sitz!« überflüssig.

Das Kommando »Sitz« ist noch nicht gefestigt? Ein Griff ans Halsband gibt zusätzlich Sicherheit.

| Schritt | 1 | Leckerli vor der Nase |

| Schritt | 2 | Distanz vergrößern |

»Setz dich!« Schritt für Schritt

Üben Sie das offene »Setz dich!« zunächst an einem Ort mit wenig Ablenkung, etwa in der Wohnung oder in einem ruhigen Teil des Gartens. Erst, wenn sich das Verhalten des Hundes gefestigt hat, sollten Sie in einer Umgebung mit mehr Ablenkung trainieren, ein Spaziergang an der Leine ist dafür bestens geeignet.

Hinsetzen ist ganz leicht

Ihr Hund bietet Ihnen viele Verhaltensweisen von sich aus an. So setzt er sich natürlich auch immer wieder einmal hin. Nutzen Sie das.

Übung: Ist Ihr Hund bei Ihnen und setzt sich richtig hin, sagen Sie einfach »Setz dich!« und belohnen ihn. Ihr Vierbeiner wird sehr schnell sein Verhalten mit Ihrem Kommando verbinden. Damit er wann immer nötig ein zuverlässiges »Setz dich!« ausführt, trainieren Sie das natürlich auch ganz gezielt mit ihm.

1 Halten Sie dem stehenden Hund ein Leckerli direkt vor die Nase und ziehen dieses langsam nach oben. Ihr Hund wird hinterherschauen, seinen Kopf hochnehmen, um das Leckerli bloß nicht aus den Augen zu verlieren – und setzt sich automatisch hin. Sobald er sitzt, sagen Sie »Setz dich!« und geben ihm die Belohnung. Damit Ihr Hund richtig verknüpft und nicht lernt zu schummeln, erhält er das Leckerli erst, wenn er tatsächlich auf seinem Po sitzt. Einige Hunde neigen hier zum Schummeln: Sie gehen zwar mit ihrem Hinterteil hinuter, sitzen aber nicht darauf, sondern schweben damit über dem Boden. Aber: Schweben gilt nicht! Gehen Sie zu Beginn des Trainings in die Knie, um Ihren Hund nicht unbeabsichtigt zu bedrängen, wenn Sie sich während der Übung über ihn beugen. Dies würde nur dazu führen, dass er Abstand hält oder sich hinlegt – und das soll er nicht.

Schritt 3 · Sichtzeichen

Schritt 4 · Stehen bleiben

2 Setzt sich Ihr Hund mit dem Leckerli vor der Nase sofort hin, halten Sie das Leckerli mit mehr Abstand von der Hundeschnauze.

3 Nehmen Sie das Futter in die rechte Hand, strecken den Zeigefinger aus und ziehen die Hand mit ausgestrecktem Finger nach oben. Sitzt der Hund, geben Sie das Kommando »Setz dich!« und belohnen ihn. So prägt er sich das Sichtzeichen ein.

4 Zu guter Letzt bleiben Sie vor Ihrem Hund stehen, um ihm das Kommando »Setz dich!« zu geben. Achten Sie bei kleinen Hunden darauf, dass Sie sich beim Belohnen nicht über Ihren Vierbeiner beugen. Bei großen Hunden passiert das eher selten.

»Setz dich!« richtig belohnen

Belohnen Sie Ihren Hund zügig. Denn nur so kann er sein Verhalten und Ihr Kommando korrekt verknüpfen. Warten Sie zu lange mit der Belohnung, bestätigen Sie den Hund für sein

Warten, nicht jedoch fürs Sich-Setzen. Vor allem junge Hunde verhalten sich oft ein wenig übereifrig bei dieser Übung. Sie kratzen an der Hand oder hüpfen sogar hoch. Gehört Ihr Hund auch dazu, ist es wichtig, dass Sie geduldig bleiben, ihn aber keinesfalls belohnen. Denn sonst verknüpft Ihr kleiner Racker falsch und denkt, er wird für das lustige Hüpfen belohnt.

Fehler beim »Setz dich!« vermeiden

Begeistern Sie Ihren vierbeinigen Schüler ausschließlich mit Leckerlis oder Spielzeug für die Mitarbeit. Drücken Sie niemals seinen Po mit den Händen nach unten. Auch wenn es länger dauert: Warten Sie lieber, bis er sich von selber setzt, und belohnen ihn dann. Jedes Anfassen bedeutet: Sie bedrängen Ihren Hund. Er wird dann sicherlich das Training als unangenehm empfinden und schlimmstenfalls sogar vor Ihnen zurückweichen. Deshalb streicheln Sie ihn auch nicht zur Belohnung über den Kopf. Denn damit würden wir ihn nicht für sein Setzen belohnen, sondern ihn wieder bedrängen.

○ offen ● geschlossen

Schritt `1` Sichtzeichen geben

Schritt `2` Füttern

»Sitz!« Schritt für Schritt

Nach dem »Setz dich!« lernt Ihr Hund nun das geschlossene Kommando »Sitz!«. Dabei soll er sich an der ihm zugewiesenen Stelle hinsetzen und dort so lange sitzen bleiben, bis Sie ihm mit einem »Okay« erlauben, wieder aufzustehen, oder ihn mit einem Folgekommando auffordern, seine Position zu ändern, zum Beispiel mit »Platz!«.

Ausdauer und Konzentration

Ihr Hund lernt nun Konzentration und Ausdauer, üben Sie daher in einer ruhigen Umgebung.

1 Stellen Sie sich aufrecht vor Ihren Hund und geben Sie ihm das Sichtzeichen für »Setz dich!«. Sagen Sie dazu aber »Sitz!«. Da er Ihre Körpersprache stärker wahrnimmt als Ihre Worte, wird er sich hinsetzen, auch wenn er das Kommando nicht kennt. Das Sichtzeichen sagt ihm: »Hinsetzen ist richtig«.

2 Füttern Sie Ihren Hund nun reichlich, um seine Ausdauer für das Sitzenbleiben zu trainieren, entfernen Sie sich aber noch nicht von ihm. Klappt das gut, erhöhen Sie langsam die Zeitabstände zwischen den Leckerlis: Zählen Sie bis vier und geben ein Leckerli, dann zählen Sie bis fünf. Am nächsten Tag zählen Sie bis sechs und so weiter. Ihr Hund lernt so, dass nicht das Hinsetzen, sondern das Sitzenbleiben gewünscht und belohnt wird. Erst, wenn Sie zwischen den einzelnen Leckerlis bis etwa 20 zählen können, kommt der nächste Schritt.

3 Der Wiegeschritt! Gehen Sie mit einem Bein nach hinten und verlagern das Gewicht abwechselnd auf das hintere und das vordere Bein. Sie bewegen sich nicht vom Hund weg, belohnen ihn aber für jeden Wiegeschritt. Diese Übung ist nicht leicht für den Hund: Er soll sitzen, während Sie sich bewegen.

○ offen ● geschlossen

4 Sie können mehrere Wiegeschritte hintereinander machen, während der Hund sitzen bleibt. Nun gehen Sie rückwärts von ihm weg und behalten ihn dabei im Blick: zunächst nur einen Schritt, dann sofort zurück zum Hund und belohnen. Dann wieder einen Schritt zurück. Nun warten Sie kurz, bevor Sie wieder zu ihm gehen und ihn belohnen. Anschließend wiederholen Sie das mit zwei Schritten. Steigern Sie den Abstand und die Wartezeit in ganz kleinen Schritten und zeigen dem Hund immer das Sichtzeichen für »Sitz!«. Gehen Sie zunächst nur rückwärts vom Hund weg und zeigen Sie ihm stets Ihre Front. Unser Körper sagt: »Bleib, wo du bist!«. So unterstützen Sie ihn mit Ihrer Körpersprache und erleichtern ihm das Sitzenbleiben. Verringern Sie den Abstand, wenn der Hund sich bei der Übung jedesmal hinlegt oder Ihnen nachläuft, und steigern Sie ihn dann wieder behutsam. Gehen Sie langsam, um ihn nicht zum Folgen zu verleiten.

5 Lösen Sie die Sitzübung immer direkt beim Hund auf und gehen Sie für Ihr »Okay« und das gemeinsame Spiel zum Hund zurück.

Schritt 3 Wiegeschritt

Schritt 4 Entfernen

»Sitz!« richtig korrigieren

Ist der Hund selbstständig aufgestanden, dirigieren Sie ihn mit einem Leckerli freundlich wieder in die Ausgangsposition zurück. Halten Sie für diese Korrektur Ihre leere Hand flach zwischen die Nase des Hundes und die Hand mit dem Leckerli. So können Sie verhindern, dass der Hund dem Futter weiter nachgeht. Belohnen Sie ihn nicht. Stattdessen entfernen Sie sich kurz rückwärts, kommen zurück und belohnen ihn, wenn er sitzengeblieben ist. Beenden Sie die Übung schnell und positiv, wenn die Konzentration des Hundes abnimmt, und spielen Sie zum Abschluss jeder Übungseinheit ausgiebig mit ihm.

Schritt 5 Leckerli geben und Kommando auflösen

 offen ● geschlossen

Schritt 1 Kommando geben

Schritt 2 Mit Leckerli umrunden

Schritt 3 Nur Sichtzeichen ge

»Sitz!« festigen

Ihr Hund setzt sich beim Kommando »Sitz!« und bleibt bereits einige Zeit sitzen. Nun gilt es, durch gezielte Übungen Dauer und Zuverlässigkeit des Kommandos zu steigern.

Sitzen bleiben – in jedem Fall

Ihr Vierbeiner soll sich auf Sie und das Training konzentrieren und nicht aufspringen, wenn er etwas Interessantes sieht. Machen Sie ihm das leichter und üben Sie daher auch jetzt noch an Plätzen ohne Ablenkung.

Um den Hund herumlaufen

Bringen Sie Ihrem Hund zunächst bei, seine Sitzposition auf jeden Fall zu halten, unabhängig davon, wo Sie sich befinden.

1 Geben Sie ihm das Kommando »Sitz!«.

2 Sobald Ihr Hund sitzt, halten Sie ihm ein Leckerli vor die Nase und gehen langsam um ihn herum, sodass die linke Hand bei ihm ist. Achten Sie während des Umrundens darauf, dass Ihre Hand sich mitdreht, damit sich das Leckerli immer vor der Hundenase befindet. So bleibt Ihr Hund gerade sitzen und läuft dem Leckerli nicht nach. Sucht der Hund Blickkontakt und dreht dabei seinen Hals, ist das prima, solange er seine Sitzposition nicht ändert. Halten Sie das Leckerli nicht zu hoch, um den Hund nicht zum Hüpfen zu animieren. Hüpft er doch oder macht er Männchen, ist die Übung noch nicht gefestigt: Halten Sie das Leckerli dann dichter vor seine Nase. Wichtig: Umrunden Sie Ihren Hund vorsichtig, damit Sie ihm nicht versehntlich auf den Schwanz treten. Passiert das doch, verbindet er die Übung vielleicht mit Schmerzen, hätte keine Freude mehr daran und Sie müssten sein Vertrauen erst wiedergewinnen.

○ offen ● geschlossen

3 Können Sie Ihren Vierbeiner mit Leckerli in der Hand zügig umrunden, bauen Sie die Hilfe ab und verwenden nur noch das Sichtzeichen. Belohnt wird der Hund dann erst, wenn Sie wieder gerade vor ihm stehen.

Hat Ihr Hund Probleme, gerade neben Ihnen sitzen zu bleiben, gibt es einen einfachen Trick: Begrenzen Sie seinen Bewegungsspielraum mit einem kleinen Putzeimer.
Übung: Dirigieren Sie Ihren Hund mit einem Leckerli zwischen den Eimer und Ihr Bein. Sagen Sie »Sitz!« und gehen Sie ein Stück zurück. Der Eimer begrenzt Ihren Hund und erleichtert ihm das gerade Sitzen. Rutscht Ihr Vierbeiner nach vorne, um an das Leckerli zu kommen, legen Sie zur Begrenzung einfach eine Stange oder Leine vor ihn. Bauen Sie diese Positionshilfen dann nach und nach wieder ab.

Den Rücken zuwenden

Die nächste Übung ist nicht einfach für Ihren Vierbeiner, denn nun wenden Sie ihm beim Entfernen Ihren Rücken zu.
Übung: Bringen Sie Ihren Hund mit »Sitz!« in Position. Gehen Sie zwei oder drei Schritte von ihm weg und sichern Sie ihn mit einem Schulterblick. Drehen Sie sich dann zu ihm um und geben Sie das Sichtzeichen. Nun gehen Sie wieder zu ihm und belohnen. Halten Sie die Distanz zunächst gering, denn Ihre Körpersprache sagt: »Ich gehe, folge mir!«. Steht Ihr Hund immer wieder auf, bleiben Sie geduldig und korrigieren ihn freundlich. Es ist eine tolle Leistung, wenn er auf Ihr Kommando hört und sitzen bleibt. Anschließend wiederholen Sie die Übung und erhöhen Schritt für Schritt den Abstand. Bleibt Ihr Hund zuverlässig sitzen, können Sie die Schwierigkeit steigern und an Plätzen üben, die etwas mehr Geduld und Festigkeit erfordern. Die Ablenkung darf zu Beginn aber noch nicht

allzu groß sein und es dürfen keine Gefahren, wie Autos, in der Nähe sein. Geeignet sind eine Wiese oder ein Weg, wo Sie die Umgebung gut im Blick haben. Bemerken Sie Spaziergänger, die Ihren Hund ablenken könnten, gehen Sie schnell zu ihm zurück und belohnen ihn. Dann lösen Sie die Übung auf. Funktioniert das »Sitz!« schon recht sicher, gehen Sie zu ihm und richten seine Aufmerksamkeit mit viel Futter auf sich. Bleibt er sicher sitzen, können Sie ihm zutrauen, auch unter Ablenkung das »Sitz!« zu halten.

WENN IHR HUND „SITZ!« UND »PLATZ!« VERWECHSELT

Hunde erkennen die Hörzeichen »Sitz!« und »Platz!« scheinbar vor allem am »tz«, und einige Vierbeiner verwechseln die beiden daher schon einmal. Im Training, wenn die Kommandos einzeln geübt werden, fällt das gar nicht weiter auf. Im Alltag legen sich manche Hunde jedoch hin, wenn sie sich setzen sollen, und umgekehrt. Kommt Ihnen das bekannt vor? Dann verwenden Sie doch die englische Bezeichnung für »Sitz!«: »Sit!«. Es wird kurz und freundlich gesprochen, während »Platz!« eher aus dem Bauch kommt. Vielleicht fällt Ihrem Hund so das Arbeiten leichter.

Beherrscht Ihr Hund schon das Kommando »Fuß!« (→ Seite 76), bringen Sie ihn damit in die Ausgangsposition und sagen ihm »Sitz!«, wenn er sitzen bleiben soll. Der Vorteil: Mit dem Kommando »Fuß!« können Sie den Vierbeiner sicher und zielgerichtet an den Ort bringen, an dem er sich hinsetzen soll. Ein umständliches Ausrichten Ihres Hundes entfällt.

 offen ⬤ geschlossen

| Schritt | 1 | »Sitz!« sagen |

| Schritt | 2 | Spielzeug werfen |

Spielend »Sitz!« lernen

Ihr Vierbeiner macht sich nichts aus Leckerlis, spielt aber voller Begeisterung mit Ihnen? Prima, dann bringen Sie ihm »Setz dich!« und »Sitz!« mit einem Spielzeug bei. Die Übungen werden genauso aufgebaut wie mit einem Leckerli. Werfen Sie ihm das Spielzeug aber jetzt noch nicht zu. Wenn Sie mit dem Training beginnen und ihn belohnen wollen, gehen Sie mit dem Spielzeug zum sitzenden Hund und laden ihn zu einem Zerrspiel ein. So vermeiden Sie, dass es auf den Boden fällt und den Hund dadurch zum Aufstehen verleitet.

Das Spielzeug werfen

Bleibt Ihr Hund zuverlässig über einen längeren Zeitraum sitzen, können Sie ihn nun auch mit einem Spielzeug aus der Distanz belohnen. Schauen Sie ihm dabei nicht starr in die Augen. Als gut sozialisierter Hund würde er seine Position verlassen, wenn Sie ihn mit Ihrem Blick fixieren, denn das bedeutet: »Ich bin der Stärkere und du verschwindest jetzt.« Besser ist es, an ihm vorbei oder auf seine Ohren zu sehen. Um Ihre Zielgenauigkeit zu verbessern, können Sie das Werfen zunächst auch ohne Hund üben.

1 Sagen Sie »Sitz!« und gehen Sie zwei, drei Schritte vom Hund weg.

2 Werfen Sie ihm das Spielzeug zu und sagen Sie zugleich »Okay«.

3 Für den Erfolg der Übung ist es wichtig, dass Sie den Ball zielsicher werfen. Achten Sie beim Werfen daher darauf, dass der Hund das Spielzeug entweder fangen kann oder nach hinten weg muss, um es zu holen. So vermeiden Sie, dass Ihr Vierbeiner aus dem »Sitz!« nach vorne kommt. Fängt der Hund das Spielzeug, ist die Übung beendet.

Schritt 3 Der Hund fängt das Spielzeug

Falsch: Der Hund legt sich lieber hin

Fehler bei der Korrektur vermeiden

Werfen Sie zu Beginn der Übung das Spielzeug, sobald Ihr Hund sitzt, und lösen das Kommando auf. In der kurzen Zeitspanne kann er sich nicht hinlegen. Später können Sie die Dauer bis zum Werfen immer weiter ausdehnen. Dann kann es jedoch passieren, dass Ihr Hund sich hinlegt, statt sitzen zu bleiben: Zerren Sie ihn dann niemals mit den Händen aus der liegenden in die sitzende Position, sonst wird er diese Übung komplett meiden. Warum? Ihr Hund setzt sich auf Kommando ordentlich hin und Sie entfernen sich. Legt er sich dann hin, gehen Sie zu ihm zurück und zerren ihn hoch, damit er sich setzt. Wenn das zwei- oder dreimal hintereinander geschieht, werden Sie womöglich ungeduldig und können das auch vor Ihrem Hund nicht verbergen, manche Hundehalter werden dann sogar rüde. Der Lerneffekt für den Vierbeiner: Die Übung ist unangenehm. Und sonst? Gar nichts. Denn er kann keine Verknüpfung zu seinem Fehlverhalten finden, da die Zeit zwischen Hinlegen und Zurückkommen zu lange dauert. Er weiß nicht, warum er geschimpft und obendrein

grob angefasst wird. Im schlimmsten Fall stellt der Hund eine falsche Verknüpfung her und verbindet den Rüffel mit Ihrem Zurückkommen. Er bleibt dann zwar vielleicht zuverlässig sitzen, solange Sie entfernt zu ihm stehen, weicht Ihnen aber verängstigt aus, wenn Sie zurückkommen, um ihn zu belohnen. Das ist sicher nicht Ihr Ziel.

Wenn Ihr Hund sich lieber hinlegt

Legt sich Ihr Hund immer wieder hin, nachdem er sich gesetzt hat, ist das Kommando »Sitz!« einfach noch nicht gefestigt. Für Sie bedeutet das: Geduld! Um ihm das Arbeiten zu erleichtern, üben Sie in den nächsten Einheiten nur das Sitzen und nicht das Liegen. So kann sich Ihr Hund zunächst auf ein Kommando konzentrieren. Üben Sie kurz, aber intensiv mit ihm und achten Sie darauf, dass er Bestätigung erfährt, damit er mit Spaß trainiert. Gehen Sie daher nicht mehr ganz so weit weg und verkürzen Sie auch wieder die Wartezeiten. Wie bei allen anderen Übungen gilt auch hier: kleine Schritte – großer Erfolg, große Schritte – Misserfolg!

○ offen ● geschlossen

Schritt 1 Im »Fuß!« gehen

Schritt 2 »Sitz!« sagen

Schritt 3 Zum Hund drehen

»Sitz!« für Fortgeschrittene

Sie haben Spaß beim Üben mit Ihrem Hund? Und er ist mit viel Einsatz bei der Sache? Dann wird es Zeit, die Ziele höher zu stecken.

»Sitz!« aus der Distanz

Bisher standen Sie beim Kommando »Sitz!« immer direkt vor Ihrem Hund und haben sich erst entfernt, wenn er schon saß. Jetzt wird es etwas schwieriger, denn er soll lernen, sich hinzusetzen, wenn Sie ihm das Kommando aus einiger Entfernung geben. Arbeiten Sie bei dieser Übung am Anfang mit Sicht- und Hörzeichen, denn das macht es Ihrem Vierbeiner leichter. **Übung:** Entfernen Sie sich zunächst höchstens einen Schritt von Ihrem Hund und sagen Sie »Sitz!«. Setzt er sich hin, gehen Sie zurück und belohnen ihn. Erhöhen Sie Abstand und Wartezeit langsam, aber immer etwas mehr. Auch bei dieser Variation des »Sitz!« ist es wichtig,

die Übung immer aufzulösen, damit der Hund zuverlässig sitzen bleibt. Tina Horn empfiehlt, zum Auflösen des »Sitz!« aus der Distanz zum Hund zu gehen und ihn nicht aus der Entfernung zu rufen. Denn einem Hund fällt es leicht, aus dem Sitzen aufzustehen: Popo hoch und los! Aus einem Platz muss er sich erst erheben. Wenn Sie Ihren Hund niemals aus dem Sitzen zu sich rufen, erfährt er keine Bestätigung für selbstständiges Aufstehen. Denn er wird jedes Mal ohne Belohnung korrigiert. Zuverlässiges Absitzen wird so wahrscheinlicher. Wollen Sie den Hund aus der Distanz abrufen, fordern Sie ihn besser aus dem »Platz!« mit »Hier!« zum Kommen auf.

»Sitz!« aus der Bewegung

Sitz aus der Bewegung (Fotos oben) ist eine anspruchsvolle Kommandofolge, die nicht nur Spaß, sondern auch Eindruck auf Ihre Mitmen-

Schritt 4 **Zum Hund gehen**

Schritt 5 **Belohnen**

Setzt sich ihr Vierbeiner nicht sofort hin, bleiben Sie bei ihm, laufen aber auf der Stelle, bis er sich setzt. Belohnen Sie sofort. Dann gehen Sie einen Schritt weiter weg. Sie müssen dies sicherlich öfter wiederholen. Will Ihr Hund Ihnen folgen und steht deswegen auf, korrigieren Sie wie üblich. Bedenken Sie: Sie verlangen wirklich viel von ihm. Er soll sich aus der Bewegung setzen, während Sie ihm davonlaufen. Erhöhen Sie nur sehr langsam die Abstände. Drehen Sie sich um, warten Sie kurz und gehen Sie dann ruhig, aber zügig zu ihm zurück, um ihn zu belohnen. Setzt Ihr Hund sich sicher hin, gehen Sie ganz gelassen zwei, drei Schritte weiter. Erst dann drehen Sie sich um. Wird er unruhig, geben Sie ihm das Handzeichen, damit er sitzen bleibt, kehren zu ihm zurück und belohnen ihn. Wenn ihm das Sitzenbleiben leichter fällt, können Sie ihn dabei auch umrunden.

schen macht und Teil der Begleithundeprüfung ist. Setzt Ihr Hund sich hin, während Sie weiterlaufen, und bleibt er so lange sitzen, bis Sie wieder bei ihm sind, muss er mit voller Konzentration arbeiten und vollbringt eine herausragende Leistung, für die er sich großes Lob verdient. Voraussetzungen sind »Fuß!« und »Sitz!«.

1 Nehmen Sie Ihren Hund ins »Fuß!« und gehen Sie einige Schritte.

2 Während des Gehens sagen Sie »Sitz!«. Laufen Sie jetzt auf der Stelle weiter, bis Ihr Vierbeiner sitzt. Belohnen Sie ihn und entfernen sich dann zwei, drei Schritte von ihm.

3 Drehen Sie sich wieder zu Ihrem Hund um.

4 Gehen Sie zu ihm zurück.

5 Belohnen Sie Ihren Vierbeiner erneut. Stellen Sie sich dann wieder an seine rechte Seite, geben Sie das Kommando »Fuß!« und wiederholen Sie die Übung.

»SITZ!« RICHTIG UMGESETZT FÜR DIE BEGLEITHUNDEPRÜFUNG

Spielen Sie mit dem Gedanken, mit Ihrem Hund die Begleithundeprüfung abzulegen? Dann rufen Sie ihn bis zum Bestehen der Prüfung niemals aus Entfernung aus dem Sitzen zu sich. In der Prüfung wird der Hund abgeholt. Verlässt er seine Sitzposition, bekommen Sie beide Punkteabzug.

»Setz dich!« und »Sitz!« in der Praxis

Im Alltag ergeben sich immer wieder Situationen, in denen es von Vorteil ist, wenn Ihr Hund an Ort und Stelle sitzt.

»Setz dich!« oder »Sitz!«?

Indem Sie in ein offenes »Setz dich!« und ein geschlossenes »Sitz!« unterscheiden, weiß Ihr Hund sofort, ob ein kurzes Hinsetzen oder ein längeres Sitzenbleiben von ihm erwartet wird.

»Setz dich!« richtig einsetzen

Sitzen sollte Ihr Hund immer beim An- und Ableinen. Steht er, kann er der Leine leicht ausweichen und Sie zum Narren halten. Liegt der Hund beim Anleinen, müssen Sie sich weit nach unten begeben. Da Sie ihn täglich oft an- und wieder ableinen, denken Sie sicher auch nicht jedes Mal daran, sein Sitzen wieder aufzulösen. Mit »Setz dich!« sind Sie trotzdem konsequent.

Beim Pflegen: »Setz dich« eignet sich gut, wenn der Hund am Brustbereich angefasst wird, sei es zur Fellpflege, zum Entfernen von Zecken oder beim Tierarzt. Da für manche Hunde dieses Anfassen aber unangenehm ist, werden sie während der Prozedur vielleicht kurz aufstehen oder sich anders hinsetzen – und das dürfen sie auch.

Beim Plaudern: Sie gehen spazieren, treffen eine Bekannte und unterhalten sich. Mit »Setz dich!« weiß Ihr Hund: »Pause, es dauert, bis es weitergeht«. Er wird vielleicht kurz aufstehen oder sich hinlegen. Das darf er. Nutzt er die Gelegenheit

Nach einem erfolgreichen »Setz dich!« darf ein Hund sitzen bleiben, er darf sich aber auch hinlegen.

TRAININGSPLAN
KOMMANDO-GUIDE: HINSETZEN

Offen: »Setz dich!« Der Hund soll sich setzen. Er darf dabei seine Position frei wählen und das Kommando selbstständig beenden. Damit er lernt, sich richtig hinzulegen, wird es nach dem »Leg dich!« geübt.

Geschlossen: »Sitz!« Der Hund setzt sich an der ihm zugewiesenen Stelle und bleibt dort so lange zuverlässig sitzen, bis Sie das Kommando auflösen. Aus dem »Sitz!« rufen Sie ihn niemals zu sich, sondern holen ihn immer ab, daher wird es vor dem »Hier!« geübt. Führt der Hund zuverlässig und geduldig »Sitz!« aus, können Sie mit »Sitz!« aus der Bewegung starten.

jedoch, um Unfug anzustellen, leinen Sie ihn an, sagen »Setz dich!« und steigen mit Ihrem Fuß auf die Leine. So hat er etwas Bewegungsspielraum, aber Sie müssen ihn nicht kontrollieren.

Mehr daraus machen: Mit einem »Setz dich!« ist aber nicht immer nur kurzer Gehorsam verbunden, sondern auch viel Spaß. Denn es ist die Ausgangsposition für alle möglichen Tricks, wie Pfote geben oder Leckerli schnappen.

»Sitz!« richtig einsetzen

Hunde stehen leichter aus dem Sitzen auf als aus dem Liegen, daher macht »Sitz!« immer dann Sinn, wenn Sie Ihren Hund nur kurz an Ort und Stelle sichern wollen, zum Beispiel an der Gehsteigkante vor dem Überqueren einer Straße. Kommt Ihnen beim Spaziergang beispielsweise eine Gruppe Nordic Walker entgegen, reicht es völlig aus, den Hund mit einem »Sitz!« statt mit einem »Platz!« kurz zu sichern. Mit »Okay« lösen

Sie das Sitzen auf und sofort geht es weiter. Sie kennen Ihren Hund und wissen bald, in welcher Situation »Sitz!« das richtige Kommando ist.

Beim Füttern: Bevor Sie Ihrem Vierbeiner den gefüllten Futternapf hinstellen, sagen Sie »Sitz!«. So weiß er, dass er warten muss und nicht über sein Futter herfallen darf, solange Sie den Napf noch in Ihrer Hand halten. Steht der Napf am Boden, geben Sie ihn mit einem »Okay« frei.

Muss der Hund immer sitzen?

Vielen alten Hunden fällt das Aufstehen schwer. Für sie ist ein »Sitz!« leichter als ein »Platz!«, vor allem, wenn es gleich weitergeht. Mit »Setz dich!« kann der Hund selbst entscheiden, ob er sich später hinlegt. Manche Hunde sitzen nicht gerne und legen sich immer sofort hin. Bei ihnen macht »Sitz!« kaum Sinn, da Kontrolle und Korrektur viel Zeit in Anspruch nehmen. Ständige Diskussionen führen zu Unzufriedenheit und Inkonsequenz. Vielleicht verzichten Sie dann besser konsequent auf das Kommando »Sitz!«? Wenn Sie nicht mit der Begleithundeprüfung liebäugeln, können Sie auf die Vorlieben Ihres Vierbeiners Rücksicht nehmen, er ist im »Platz!« ebenso gut aufgehoben wie im »Sitz!«.

Junge Hunde halten ein »Sitz!« nicht lange durch. Noch ist ein »Setz dich!« das richtige Kommando.

REGELKOMMANDOS OHNE MISSVERSTÄNDNISSE

»Aus!«, »Schluss!«, »Pfui!«, »Nein!«, »Lass es!«, »Spinnst du?« – Hundehalter haben ein großes Kommando-Repertoire, wenn sie ihrem Vierbeiner deutlich machen wollen, dass sein aktuelles Verhalten unerwünscht ist und er damit aufhören soll. Wird jedoch nachgefragt, wann sie welches Wort verwenden und warum in dieser Situation nun gerade dieses, gibt es selten eine klare Antwort. So nutzen manche Hundehalter zwei oder drei Kommandos für ein und dasselbe Verhalten ihres Hundes, andere haben nur ein einziges Kommando, obwohl sie ganz Unterschiedliches verlangen. Beides ist für den Vierbeiner nicht eindeutig und macht es ihm schwer, die Wünsche seines Menschen zu verstehen und diese zu erfüllen. Daher gilt es nun, für Klarheit zu sorgen und mit der Unterscheidung in drei einfache Regelkommandos Ordnung in das Wortchaos zu bringen: »Nein!«, wenn der Hund sein aktuelles Verhalten stoppen soll, etwa wenn er gerade dazu ansetzt, auf das Sofa zu springen. »Pfui!«, wenn er etwas im Maul hat und es ausspucken soll, beispielsweise beim Spaziergang aufgesammelten Unrat. »Aus!«, wenn er etwas loslassen soll, wie das Spielzeug bei einem Zerrspiel. Hat Ihr Hund gelernt, was Sie bei diesen Regelkommandos von ihm erwarten, können Sie sich ihm immer eindeutig verständlich machen.

Regeln von Anfang an

Machen Sie Ihren Hund mit Ihren Regeln vertraut, sobald er bei Ihnen einzieht. Klar, dass ein fünfminütiger, wohlmeinender Vortrag darüber keinen Eindruck auf ihn machen wird. Denn Ihr Hund lernt aus Erfahrung, durch Ihre Reaktion auf erwünschtes oder unerwünschtes Verhalten. Macht er etwas richtig, loben und belohnen Sie ihn. Macht er etwas falsch oder ist gerade im Begriff, dies zu tun, bringen Sie ihn durch ein Kommando davon ab. Das heißt: Ihr Hund muss Fehler machen dürfen. Er muss erst einmal aufs Sofa hüpfen, um durch ein »Nein!« zu lernen, dass er das nicht darf. Er muss erst einmal Unrat ins Maul nehmen, um durch ein »Pfui!« zu lernen, ihn wieder auszuspucken. Und er muss beim Zerrspiel das Spielzeug festhalten dürfen, um zu lernen, es auf ein »Aus!« hin loszulassen.

Aus Erfahrung lernen

Gestehen Sie Ihrem Hund in der ersten Phase des Zusammenlebens also zu, seine neue Umgebung zu erkunden und Erfahrungen zu sammeln, ob er ein tapsiger Welpe oder ein älterer Hund aus zweiter Hand ist. Sie können sicher sein: Was immer Ihr neuer Hausgenosse macht, er macht es nicht, um Sie zu ärgern. Sucht er sich zum Beispiel als erstes Kauobjekt nicht den nagelneuen Kauknochen aus, sondern Ihre teuren Designerschuhe, geben Sie ihm deutlich das Kommando »Nein!«. Räumen Sie daher nichts weg, wenn Sie zu Hause sind und Ihren Racker beaufsichtigen können, sondern korrigieren sein Verhalten rechtzeitig. Nur so kann er lernen, was er darf und was nicht. Verlassen Sie jedoch das Haus, sollten Sie vorher alles wegräumen, was ihn verleiten könnte, Quatsch zu machen. Denn Sie können ihn ja dann nicht beaufsichtigen

und korrigieren, und aus einer nachträglichen Rüge lernt Ihr Hund nichts. Also darf er dann keine Gelegenheit haben, sich falsch zu verhalten. Geben Sie ihm zum Zeitvertreib lieber einen Kauknochen oder einen mit Futter gefüllten Ball.

An die Situation anpassen

Setzt Ihr Hund gerade dazu an, ein Stück Salami vom Teller zu klauen, sagen Sie sofort ein kurzes und deutliches »Nein!«. Hat er aber bereits ein Stück im Maul, bringen Sie ihm »Pfui!« bei, damit er die Wurst wieder ausspuckt und keinen Lohn für seinen Diebstahl bekommt. Sie können ganz gelassen bleiben, denn Sie haben die Gelegenheit für die Klärung einer weiteren Hausregel genutzt: »Er darf mein Essen nicht klauen.« Sie sehen, die erste Zeit des Zusammenlebens mit Hund verlangt erhöhte Aufmerksamkeit und viel Geduld. Doch wenn Sie sich ihm gegenüber von Anfang an gelassen, eindeutig und konsequent verhalten, sind die Regeln des Zusammenlebens schnell geklärt und er wird sie nicht mehr in Frage stellen. Hat er gelernt, dass er nicht an Schuhen kauen darf, weiß er, dass das für alle gilt: Für die alten Bergstiefel ebenso wie für das neue Designerpaar. Sie können sie also beruhigt stehen lassen, auch wenn Sie das Haus verlassen.

Auf dem guten Parkettfußboden gibt es keine Zerrspiele. »Aus!« heißt hier das richtige Kommando.

Klipp und klar: »Nein!«

Sie erziehen Ihren Hund durch Motivation und positive Verstärkung. Dazu bestärken Sie das Verhalten, das Sie gutheißen mit Lob, Spiel und Leckerlis. Aber natürlich gibt es im Alltag immer wieder Situationen, in denen Sie auch klar Ihr Missfallen ausdrücken müssen.

Das darf Ihr Hund nicht

Kratzt Ihr Hund an Türen, bettelt am Tisch oder verbellt Ihre Gäste, wollen Sie das natürlich nicht dulden. Als souveräner Rudelführer ignorieren Sie das Verhalten Ihres Hundes auch nicht in der Hoffnung, dass er es schon irgendwann von selbst abstellen wird. Sie sagen ihm deswegen sofort und deutlich, dass er es postwendend stoppen soll. Nur so lernt er die Regeln für Ihr Zusammenleben eindeutig kennen und kann sich danach richten: »Nein!« gehört dazu.

Das Timing ist entscheidend

Wie beim positiven Verstärken müssen Sie auch bei einem »Nein!« darauf achten, dass es zum richtigen Zeitpunkt kommt, nur so kann Ihr Hund es mit seinem Verhalten in Verbindung bringen. Nehmen Sie an, er hat seine Begeisterung für Ihre Zimmerpflanzen entdeckt und beginnt gerade, an einer zu kauen. Sie sagen sofort »Nein!«. Da Sie ihn gleich zu Beginn seiner Untat gerügt haben, verknüpft er Kommando und Verhalten sehr gut miteinander. Ertappen Sie ihn jedoch erst, wenn nur noch klägliche Überreste der Pflanze vorhanden sind, hat Ihr Hund mit der Kauaktion viel Spaß gehabt und sich damit selbst belohnt. Ihr »Nein!« wirkt dann kaum noch. Kommen Sie nach Hause und die Pflanze ist Kleinholz, Ihr Hund liegt aber brav

auf seinem Platz, dann können Sie gar nicht mehr reagieren. Weder ein »Nein!« noch eine Strafe kann Ihr Racker dann noch mit seinem Fehlverhalten in Verbindung bringen. Wenn Sie ihn jetzt rügen, dann für das Liegen in seinem Körbchen. Sie verabschieden sich besser im Stillen von ihrer Pflanze und bringen die anderen in Sicherheit, damit das nicht wieder vorkommt.

Es gibt keine Belohnung

Unser »Nein!« ist das einzige Kommando, das weder mit Futter noch mit Spiel bestätigt wird – auch dann nicht, wenn Ihr Vierbeiner es sofort und völlig richtig ausführt. So sagen Sie ihm deutlich, dass es Ihnen wirklich ernst ist. Trotzdem können Sie sich natürlich Gedanken über das Verhalten Ihres Hundes machen. Kaut er

Bieten Sie Hundespielzeug oder Kauknochen an.

Teppichfransen sind tabu: »Nein!« oder »Lass es!«

immer wieder an den Zimmerpflanzen, hat er vielleicht ein erhöhtes Kaubedürfnis. Erwischen Sie ihn also an einer Pflanze, sagen Sie das Kommando »Nein!« und bringen ihn anschließend an seinen Platz. Dort bieten Sie ihm nach einer Weile eine Kaualternative an, zum Beispiel einen Kauknochen oder ein Rinderohr. So lernt Ihr Hund, seinen Kaubedarf damit zu befriedigen und Ihre Pflanzen zu verschonen.

Der Ton macht die Musik

Hunde reagieren meist sehr gut auf ein scharf ausgesprochenes »s«. Daher können Sie das Kommando »Nein!« auch durch ein »Lass es!« ersetzen. Artikulieren Sie ein »Nein!« oder »Lass es!« immer deutlich und mit Nachdruck. Ihr Vierbeiner soll sofort merken, dass es Ihnen ernst ist. Und ein einziges »Nein!« muss immer ausreichen – sagen Sie es nicht mehrmals. Der Hund stoppt sonst sein Verhalten nicht sofort, da er weiß: »Mein Mensch warnt mich mehrmals vor, bevor es ihm wirklich wichtig ist.« Wenn Sie Ihrem Hund gegenüber Ihr Missfallen ausdrücken, sollten Sie auch nicht freundlich säuseln.

Mit einem melodischen »Nein, mein Schatz, das darfst du nicht!«, werden Sie Ihren Hund niemals vom Sofa runterbekommen. Denn für ihn hört sich das an wie: »Fein, mein Schatz, gut gemacht!« Er fühlt sich dann erst so richtig wohl und Sie haben sein Fehlverhalten bestärkt.

Ein »Nein!« ist ein »Nein!«

»Nein!« bedeutet auch immer »Nein!«. Das gilt für Ihren Hund, das gilt aber auch für Sie. Damit der Vierbeiner die von Ihnen aufgestellten Regeln versteht und ernst nimmt, ist es wieder wichtig, dass Sie sich selbst konsequent verhalten. Sie und alle anderen Familienmitglieder müssen klären, was Ihr Hund darf und was nicht. Und daran halten sich dann alle. Darf er bei Ihnen nicht auf das Sofa, dann darf er es bei anderen auch nicht: Niemand lässt es ihm durchgehen oder animiert ihn gar zum Fehlverhalten. So lernt Ihr vierbeiniger Freund, dass Ihre Regeln sich nicht verändern. Er kann sich darauf verlassen und sich richtig verhalten. So werden Sie in Ihrem Alltag weder ein »Nein!« noch ein »Lass es!« häufig verwenden müssen.

Schritt 1 Ins Maul greifen

Schritt 2 Leicht schütteln

Los, spuck's aus: »Pfui!«

Schnüffelt Ihr Hund an Unrat und oder will ihn gerade fressen, dann erfolgt das bereits gelernte »Nein!«. Denn noch kann dies das Fressen verhindern. Ist es dafür zu spät, sagen Sie »Pfui!«.

So lernt Ihr Hund das »Pfui!«

Verwenden Sie »Pfui!« immer dann, wenn Ihr Hund Dinge im Maul hat, die dort nicht hingehören und die er ausspucken soll, wie das Spielzeug der Kinder, die vom Schreibtisch gefallene Büroklammer und vor allem jede Form von Unrat, die er draußen beim Spaziergang aufnimmt. So bringen Sie es Ihrem Frechdachs bei:

1 Leinen Sie Ihren Hund an. Nehmen Sie einen größeren Hundekeks und verlieren Sie ihn absichtlich. Nimmt der Hund ihn auf, greifen Sie mit einer Hand die obere und mit der anderen die untere Hälfte des Hundemauls.

2 Fassen Sie ganz hinten ins Hundemaul, so lässt es sich gut öffnen. Mit diesem Griff führen Sie nun eine leichte Schüttelbewegung aus, damit sich der Keks löst. Fällt der Keks aus dem Hundemaul, sagen Sie zeitgleich das Kommando »Pfui!«.

3 Hat der Hund seine Beute verloren, greifen Sie sofort in Ihre Tasche, holen Leckerlis heraus und bestätigen ihn damit: Denn natürlich wird der Hund jetzt belohnt. Sie strafen ja nicht das Aufnehmen des Kekses, sondern belohnen das Wiederausspucken und tauschen Keks gegen Leckerli. So lernt Ihr Hund nicht nur, dass er auf »Pfui« hin auszuspucken hat, was sich in seinem Maul befindet. Er lernt vor allem auch, dass es sich lohnt. Deshalb sollten Sie zu Beginn der Übung Gourmetstücke zum Tausch bereithalten, auf die Ihr Hund ganz versessen ist: ein Stück Wiener Würstchen oder Käse.

| Schritt | 3 | Belohnen |

| Schritt | 4 | Unrat wird wieder ausgespuckt |

4 Ist Ihr Hund mit dem Kommando vertraut, wird er das Aufgenommene selbst ausspucken, sodass Sie ihm nicht mehr ins Maul fassen müssen. Dann können Sie ihn auch draußen davon abhalten, Unrat zu fressen.

Leinen Sie Ihren Hund bei Übungsbeginn an. So vermeiden Sie, dass er mit seiner Beute flüchten kann. Belohnen Sie jedes Ausspucken, damit er sicher weiß, dass es sich immer für ihn lohnt.

Lassen Sie sich nicht austricksen

Da diese Übung ein einträgliches Geschäft ist, beginnen clevere Hunde gerne damit, wie ein Staubsauger alles einzusaugen. Die gefundenen Dinge bringen sie dann zu ihrem Menschen und warten auf ein »Pfui!«, um gegen Leckerlis zu tauschen. Ein lustiges Spiel! Fallen Sie aber nicht drauf rein und ignorieren Sie das eine oder andere Angebot. Sie verbieten Ihrem Hund ja nicht generell, Dinge zu fressen, die auf dem Boden liegen. Wenn er etwa einen alten Hundekeks findet, kann er ihn gerne haben. Ist Ihr

Hund allein zu Hause und findet einen Keks, können Sie ihn ja auch nicht daran hindern, ihn zu fressen. Also macht es wenig Sinn, ihm das Fressen vom Boden generell zu verbieten. Trotzdem soll er lernen, Dinge dann auszuspucken, wenn Sie es wünschen. Bringt er eine Büroklammer und will sie schlucken, sagen Sie immer »Pfui!« und belohnen das Ausspucken. Findet er ein Stückchen Brot, können Sie es ihm gönnen. So wird er schnell lernen, dass es nicht lohnt, alles anzuschleppen und zum Tausch anzubieten. Er verliert bald das Interesse an diesem Spiel.

Bleiben Sie in Übung

Welpen nehmen alles ins Maul, was sie finden, so erforschen Sie die Welt. Ist Ihr Hund noch jung, müssen Sie also wachsam sein und sicher öfter »Pfui!« sagen. Dieses Verhalten lässt mit zunehmendem Alter nach. Trotzdem darf Ihr Hund das »Pfui!« nicht verlernen, denn es kann sogar sein Leben retten. Lassen Sie also zur Sicherheit immer wieder einmal einen Keks fallen und tauschen Sie ihn gegen ein anderes Leckerli.

 offen ⬤ geschlossen

Gib's her: »Aus!«

Hält Ihr Hund etwas mit seinem Maul fest und Sie wollen es haben, sagen Sie »Aus!«. Ihr Vierbeiner soll es dann sofort Ihnen überlassen. Im Alltag handelt es sich dabei meist um sein Spielzeug. »Aus!« bietet sich aber beispielsweise auch an, wenn Sie Ihren Hund nach dem Spaziergang abtrocknen und er mit dem Handtuch ein Zerrspiel veranstaltet, er am Putzlappen zerrt, während Sie den Boden wischen, oder der Racker eine Socke geklaut hat. Egal, was es ist: Ihr Hund soll es loslassen.

Schritt 1 Zerrspiel beginnen

So lernt Ihr Hund »Aus!«

Zuverlässiges Befolgen des »Aus!« ist auch wichtig für ein sinnvolles Training der anderen Kommandos. Denn Sie bestätigen ihn beim Üben ja nicht nur mit Leckerlis, sondern auch mit Spielzeug. Was, wenn Ihr Vierbeiner das nicht auf Kommando loslässt? Dann verwickelt er Sie in nervende Zerrspiele und untergräbt Ihre Autorität. Lassen Sie gar das Spielzeug los und überlassen ihm die Beute, geht er als Sieger aus der Situation hervor. Ein konzentriertes und gezieltes Arbeiten ist so kaum möglich. Also muss Ihr Hund auf Kommando loslassen können. Außerdem: Ein Zerrspiel mit Ihrer neuen Socke finden Sie sicherlich auch nicht lustig, von einem zerfledderten Sofakissen gar nicht zu reden. Ihr Hund lernt sehr schnell loszulassen, wenn Sie auch bei dieser Übung mit ihm tauschen.

1 Zeigen Sie Ihrem Hund ein Spielzeug und geben Sie es mit »Okay!« zum Spielen frei. Durch die Freigabe lernt er, dass er nicht von selbst nach dem Spielzeug schnappen darf. Haben Sie das Spielzeug freigegeben, beginnen Sie ein kurzes Zerrspiel mit ihm.

2 Nehmen Sie dann ein Leckerli, das Sie vorher griffbereit bereitgelegt haben, und halten Sie es plötzlich vor die Nase Ihres Hundes. Da Futter meistens begehrter ist als Spielzeug, lässt der Hund das Spielzeug los. In genau diesem Moment geben Sie das Kommando: »Aus!«. Ihr Hund kann sekundengenau verknüpfen: »Aus!« bedeutet loslassen. Wichtig ist, dass während des Tauschens kein Zug und kein Gezerre mit dem Spielzeug stattfinden. Am besten lassen auch Sie es ruhig liegen. Hat der Hund losgelassen und sein Leckerli als Bestätigung erhalten, starten Sie erneut mit einem »Okay!« ein Spiel und wiederholen das Ganze.

3 Auch Hunden, die sich aus Futter nicht viel machen, können Sie das »Aus!« mithilfe eines Tauschgeschäftes beibringen: Sie tauschen dann das aktuelle Spielzeug gegen ein anderes. Die Übung verläuft genau wie mit Leckerli beschrieben. Der Unterschied: Irgendwann ist definitiv Schluss mit Tauschen. Dafür gibt es dann ein großes Lob.

| Schritt | 2 | Spielzeug gegen Futter |

| Schritt | 3 | Spielzeug gegen Spielzeug |

Wenn bei Ihrem Vierbeiner das Tauschgeschäft nicht funktioniert

Nun gibt es Vierbeiner, die sich nichts aus Futter machen und die so leidenschaftlich und mit vollem Einsatz spielen, dass ein Tauschgeschäft sie gar nicht interessiert. So ein Hund nimmt dann weder ein Leckerli noch schenkt er dem Tauschspielzeug die geringste Beachtung. Oder aber er schnappt es sich und saust damit davon. Zählt Ihr vierbeiniger Freund zu diesen Hunden, müssen Sie das »Aus!« anders üben.

Übung: Sie nehmen ein Spielzeug in die Hand und lassen Ihren Hund daran ziehen. Dann sagen Sie »Aus!«. Lässt er nicht los, greifen Sie ihm von unten ans Halsband und lassen selbst das Spielzeug los. Jetzt hat nur noch Ihr Hund das Spielzeug und es heißt: warten. Bald wird er loslassen, denn es ist ihm lästig, festgehalten zu werden. Lässt der Hund das Spielzeug fallen, heben Sie es auf, damit er es sich nicht wieder packt. Bevor Sie das Halsband loslassen, bieten Sie Ihrem Hund ein Leckerli zum Tausch an. Wenn er es nicht nimmt, dann ist das kein Problem. Spielt ein Hund so leidenschaftlich,

sollten Sie das »Aus!« auf keinen Fall mit einem quietschenden Spielzeug üben. Durch die beim Zubeißen entstehenden hohen Töne wird er nur noch erregter und die Chance, dass er auf ein »Aus!« reagiert, ist wesentlich geringer. Verknüpft Ihr Hund nun das Kommando »Aus!« richtig mit seinem Verhalten, können Sie als nächsten Schritt die Spielbestätigung üben.

Die Spielbestätigung: Dabei tauschen Sie nicht mehr, sondern unterbrechen das Spiel wie folgt: Irgendwann halten Sie das Spielzeug zwar, machen selbst aber keine Bewegung mehr und verhalten sich ganz passiv. Das Spiel ist dadurch beendet und es erfolgt das Kommando »Aus!«. Lässt der Vierbeiner nun das Spielzeug los, belohnen Sie ihn sofort, indem Sie »Okay« sagen und wieder mit dem Spiel beginnen. Der Neuanfang des Spiels ist die Bestätigung für das Loslassen. Ihr Hund lernt so, dass das Kommando »Aus!« zwar eine kontrollierte Unterbrechung des Spiels ist, aber keinesfalls das Ende des Spaßes sein muss: Lässt er los, geht es weiter. Wollen Sie das Spiel endgültig beenden, erhält Ihr Hund immer eine Belohnung oder ein dickes Lob.

○ offen   ● geschlossen

Für ein ganzes Leben

Sie und Ihr Hund haben jetzt 11 wichtige Kommandos erlernt, mit deren Hilfe Sie den Alltag leicht bewältigen. Einer harmonischen Mensch-Hund-Beziehung steht nichts mehr im Weg. Sie können sich in jeder Situation auf Ihren Hund verlassen. Und Ihr Hund hat in Ihnen einen konsequenten und vertrauensvollen Rudelchef. Das soll ein Hundeleben lang so bleiben.

Auch Hunde sind vergesslich

Hunde und Menschen sind keine Computer, die, einmal programmiert, immer wieder fehlerlos dasselbe Programm abspielen. Hunde sind lebendige Wesen, die ein Leben lang lernen, Gelerntes aber auch wieder vergessen oder verdrängen können, sich weiterentwickeln und im Alter in ihrer körperlichen Leistungsfähigkeit nachlassen. All das sollten Sie in Ihrem Alltag berücksichtigen. Es ist also keine Selbstverständ-

lichkeit, dass Ihr vierbeiniger Freund trotz intensiven Trainings Ihre Kommandos stets zuverlässig ausführt. Und da gibt es noch so vieles, was ihn vom zuverlässigen Befolgen ablenken kann, wie die Jagd- oder die Hüteleidenschaft oder sein Verlangen zu spielen. Freuen Sie sich, wenn Ihr Hund Ihr Kommando sofort und richtig ausführt. Freuen Sie sich, wenn es ihm wichtiger ist, bei Ihnen ordentlich im Fuß zu gehen, als an jeder Ecke Zeitung zu lesen. Und vor allem: Zeigen Sie Ihrem Hund, dass Sie sich freuen. Geizen Sie im Alltag nicht mit Lob, Spiel und Leckerlis. Sonst wird Ihr Hund sich trotz gutem Training irgendwann fragen: »Wozu?« und sich anderen Dingen zuwenden. Er muss wissen, dass sein Verhalten sich für ihn lohnt – und zwar immer!

Kommandos immer wieder abfragen

Nutzen Sie die Kommandos nicht im Alltag, kann Ihr Hund sie vergessen. Ist es in Ihrem Tagesablauf etwa nicht nötig, den Hund für längere Zeit ins Platz zu legen, dürfen Sie auch nicht erwarten, dass er nach einem Jahr ohne Training zuverlässig lieben bleibt. Es ist daher sinnvoll, die Kommandos immer wieder zu trainieren. Auch Ihnen fällt es sicherlich leichter, die richtige Körpersprache zu zeigen und Ihre Kommandos konsequent anzuwenden, wenn Sie sie regelmäßig geben. Üben Sie deswegen immer wieder einmal in der Wohnung oder bei den täglichen Spaziergängen. Bauen Sie ein »Fuß!«, ein »Sitz!« oder ein »Platz!« mit ein. Bei fortgeschrittenem Trainingsstand geben Sie das »Platz!« aus der Bewegung, gehen 15 Schritte weiter und rufen Ihren Hund mit »Hier!«. Ob mit Leine oder ohne, Möglichkeiten zum Üben gibt es viele. Seien Sie fantasievoll und üben Sie abwechslungsreich: Fünf Minuten täglich reichen völlig aus. So bleiben Sie und Ihr Hund fit. Und Sie werden sehen: Ihr Hund arbeitet gerne mit. Denn er freut sich, dass Sie sich intensiv mit ihm beschäftigen.

Freunde für das ganze Leben! Mit den 11 Kommandos können Sie Ihren Vierbeiner bis ins hohe Alter sinnvoll anleiten und beschäftigen.

Trotz aller Ernsthaftigkeit: Spiel und Spaß dürfen in einer harmonischen Mensch-Hund-Beziehung nie fehlen.

Rechtzeitig handeln

Wir sind nicht perfekt, werden im Alltag schluderig oder bequem und kontrollieren nicht mehr, ob unsere Hunde beim »Setz dich!« wirklich sitzen. Wir lösen aus Gedankenlosigkeit ein »Fuß!« nicht auf, sondern lassen zu, dass unsere Hunde den Abstand vergrößern, bis sie wieder zurückbleiben und am Wegesrand schnuppern. Die Hunde machen sich dann die neuen Freiheiten nach und nach zu eigen. Bis der Zweibeiner merkt, dass jetzt irgendwie der Wurm drin ist. Spätestens dann ist es wieder Zeit, konzentriert und konsequent mit dem Hund zu arbeiten.

Kommandos auffrischen

Haben Sie und Ihr Hund ein Kommando verlernt, da Sie es in Ihrem Alltag nicht verwenden? Vielleicht brauchen Sie es tatsächlich nicht. Also vergessen Sie es. Wollen Sie es aber wieder aktivieren, ist das kein Problem. Sie haben ja schon

gute Vorarbeit geleistet und können das Erlernte jederzeit erneut abrufen. Wichtig auch jetzt: kleine Schritte großer Erfolg, große Schritte Misserfolg. Beginnen Sie wieder mit dem einfachsten Teil der Übung, loben und belohnen sie viel, und steigern Sie die Anforderungen erst, wenn Sie und Ihr Hund in den einzelnen Abschnitten sicher sind. Sie werden sehen: Sehr schnell ist das Vergessene erneut in Ihrem Repertoire.

Altersgerechte Kommandos

Ist Ihr Hund in die Jahre gekommen, können Sie trotzdem mit ihm arbeiten, sollten aber Rücksicht auf seine körperliche Verfassung nehmen: Geht er langsamer, warten Sie geduldig, bis er bei Ihnen ist. Hört er nicht mehr gut, rufen Sie ihn rechtzeitig zurück, damit er Sie noch hören kann. Fällt ihm das Aufstehen schwer, verlangen Sie kein »Platz!« mehr, sondern besser »Sitz!«. Auch ein alter Hund genießt eine aktive und intensive Mensch-Hund-Beziehung – bis zum Schluss.

11 KOMMANDOS FÜR JEDEN TAG

Der Alltag mit Hund bietet ruhige Momente, turbulente Zeiten und Überraschungen. Mit den 11 Kommandos sind Sie gerüstet – in allen Lebenslagen.

11 KOMMANDOS – PRAKTISCH UND VIELSEITIG

Nehmen Sie einen Hund in Ihrem Haushalt auf, dauert es nicht lange und er ist ein vollwertiges Familienmitglied, das alle lieben und niemand mehr missen möchte. Sie geben ihm ein Dach über dem Kopf, Schutz, Zuwendung und Futter. Als Gegenleistung wünschen Sie sich einen fröhlichen, aber gehorsamen und zuverlässigen Begleiter. In Ihrem Mensch-Hund-Rudel ist der Platz des Vierbeiners am unteren Ende der Familienkette. Nur dann kann er entspannt leben und muss keinen Rangfolgestress fürchten. Eine höhere Position in der menschlichen Gesellschaft ist für den Hund dagegen Dauerstress: Er fühlt sich zwar verantwortlich, hat jedoch nie das

letzte Wort. Glaubt Ihr Hund entscheiden zu dürfen, wer in die Wohnunge darf und wer nicht, wird er versuchen, ihm unsympathischen Besuch draußen zu halten. Sie werden sich das aber nicht gefallen lassen. Denn Ihre Freunde sollen natürlich Ihr Haus betreten dürfen. Ein Dauerkonflikt mit viel Stress ist vorprogrammiert. Der Hund bellt und keift, Sie schimpfen, stellen aber keine Regeln auf. Beim nächsten Besuch bellt und keift der Hund wieder. Schrecklich, nicht? Dabei fügt ein Hund sich gerne ein und ist froh um seinen niedrigen Rang. Denn der garantiert ihm Sicherheit und ein sorgenfreies Leben. Soll sich doch um den Besuch kümmern, wer will.

Sie geben den Ton an

Ihr Hund muss Ihre Autorität als Rudelchef akzeptieren – ohne Wenn und Aber. Damit Ihr Vierbeiner sich gerne einfügt, braucht er jedoch einen souveränen Rudelchef, den er respektieren und dem er vertrauen kann.

Rudelmitglied mit Rechten und Pflichten

Ihr vierbeiniger Freund ist ein vollwertiges Mitglied im Mensch-Hund-Rudel, das auch Freiheiten genießen darf. Er bekommt von Ihnen aber immer dann Regeln vorgegeben, wenn seine Freiheit Sie oder andere belästigt oder dadurch der Hund, Menschen oder andere Tiere sogar gefährdet werden. Diese Regeln gelten dann verbindlich. Ihre Autorität hat nichts mit Gewalt oder rüdem Verhalten zu tun, sondern ergibt sich aus drei Punkten: Kompetenz, Konsequenz und Freundlichkeit. Der kompetente Rudelchef kennt die Regeln und weiß, wo die Grenzen im Alltag verlaufen.

Freundlich, aber konsequent

Beim gemeinsamen Ausflug wird nicht aus dem Picknickkorb geklaut. Wenn es auch noch so verlockend daraus duftet. Der Rudelchef ist konsequent, wenn er die aufgestellten Regeln und Grenzen verlässlich durchsetzt. Der Versuch, aus dem Picknickkorb zu klauen, wird sofort und sehr deutlich mit einem »Nein!« unterbunden. Ein souveräner Rudelchef ist aber immer auch freundlich und gewährt seinen Rudelmitgliedern Freiheiten. Er gängelt oder drangsaliert nicht. So darf Ihr Hund während des Picknicks gerne nah bei Ihnen liegen, wenn er sich benimmt. Schließlich ist er ein Mitglied der Familie.

Manche Menschen strahlen eine ganz natürliche Autorität aus, die Hunde sofort akzeptieren. Andere müssen sich diese erst durch Konsequenz erarbeiten. Kinder besitzen in der Regel noch keine natürliche Autorität und können sich diese noch nicht aneignen – es sind halt Kinder. Deswegen ist es wichtig, dass Sie Kind und Hund nicht alleine lassen. Kinder sollen mit Hunden aufwachsen, sie sollen mit ihnen spielen und gerne auch mit ihnen arbeiten. Aber bitte immer mit einem Erwachsenen an ihrer Seite.

Regeln bieten Freiheiten

Hat Ihr Hund Sie als Rudelchef akzeptiert und befolgt er Ihre 11 Kommandos, können Sie ihn ohne Probleme überall mit hinnehmen. Sie können sich auf ihn verlassen, weil er sich auf Sie verlassen kann. Er weiß, dass Ihre Regeln verbindlich gelten und dass Sie sich konsequent, aber nicht unfreundlich oder ungerecht verhalten. Deshalb befolgt er auch in fremder Umgebung Ihre Regelkommandos ebenso zuverlässig wie die offenen oder geschlossenen Kommandos. Und ein Vierbeiner, der folgt, ist in Ihrer Umwelt gern gesehen. »Ihr Hund ist so gut erzogen, bringen Sie ihn gerne mit.«, dieser Satz erfüllt jeden Hundebesitzer mit Stolz.

Gut erzogene Hunde sind angenehme Partner, die uns im Alltag sooft wie möglich begleiten dürfen.

Hausregeln aufstellen

Füllen Sie die Rolle des Rudelführers nicht aus, übernimmt Ihr Hund womöglich selbst Verantwortung im Alltag. Und klärt für Sie, wer das Haus betreten darf. Vielleicht entscheidet er sogar, wer auf dem Sofa sitzen darf und wer nicht. Dies bedeutet für Ihren Hund aber nicht Spaß, sondern Stress. Denn dadurch bürden Sie Ihrem Vierbeiner – meist unabsichtlich – Aufgaben auf, denen er nicht gewachsen ist und die seiner Rangfolge nicht entsprechen. Der Hund wird überfordert, zunehmend unsicher und kann dann sogar aggressiv reagieren. So weit lassen Sie es aber gar nicht kommen.

Gleich bei Einzug eines Hundes in Ihren Haushalt sollte klar geregelt sein, was Sie ihm gestatten und was nicht. Dafür erstellen Sie in einer Familienkonferenz eine Hausordnung: Am besten schwarz auf weiß, damit alle Familienmitglieder die Regeln kennen und nachlesen können. Diese Hausordnung sollte dann auch für alle Hausbewohner gelten, Mensch wie Hund. Denn

Rufen Sie alle Familienmitglieder zusammen. Legen Sie gemeinsam Regeln fest, die für Sie und Ihren Vierbeiner gelten sollen. Denn so lassen sie sich im Alltag leichter einhalten.

ohne eine gewisse Ordnung ist das Zusammenleben mehrerer Persönlichkeiten unter einem Dach nicht möglich. Jedes Mitglied des Mensch-Hund-Rudels wird sich nur dann wohlfühlen, wenn alle aufeinander Rücksicht nehmen und sich an die Regeln halten. Natürlich hat der Hund auch Rechte. Er bekommt ausreichend und gutes Futter von Ihnen und einen oder mehrere Schlafplätze. Vor allem aber hat er einen Platz im Haus, an den er sich zurückziehen kann. Er erfährt keine körperliche Gewalt. Er wird im Haus nicht angebunden oder dauerhaft weggesperrt. Er ist zwar das unterste Rangmitglied, deswegen aber nicht weniger geliebt. Um ihm seinen Rang deutlich zu machen, können Sie sechs Grundregeln aufstellen. Und es gibt einfache Verhaltensweisen, wie Sie diese Grundregeln umsetzen.

1 Die Ressourcen verteilt der Mensch. Der Mensch ist für das Futter verantwortlich und entscheidet, wer, was und wann bekommt. Der Hund wird nicht vom Tisch gefüttert und er darf nicht betteln. Der Mensch teilt ihm das Futter zu, ob im Napf oder Futterbeutel.

2 Der Ranghöhere hat Vorrang. Was immer der Zweibeiner möchte, das ist sein gutes Recht. Es steht ihm frei, als erster zur Tür hinauszugehen. Er muss nicht über den Hund steigen, wenn er das nicht möchte, und dann muss der Hund ihm den Weg freimachen. Der Rudelchef darf sich hinsetzen, wo er will. Und der Ranghöhere begrüßt natürlich auch zuerst die Gäste.

3 Der Chef sitzt oben. Der Ranghöhere hat das Vorrecht, höher zu sitzen. Ein Hund darf ohne seine Erlaubnis weder höher sitzen noch liegen, ob auf dem Sofa oder im Bett. Sein Hundekörbchen steht in einer ruhigen Ecke, von der aus er nicht das ganze Haus beobachten und kontrollieren kann.

4 Der Mensch entscheidet. Als Ranghöherer beschließt der Zweibeiner, ob und wie lange gespielt wird und definiert die Spielregeln. Er lädt den Hund auch zum Kuscheln ein und schickt ihn wieder fort. Ebenso entscheidet er, ob eine Zecke gezogen, das Fell gebürstet oder die Pfoten geputzt werden. Er gibt auch beim Spaziergang vor, welche Richtung eingeschlagen wird und wann der passende Moment für eine Pause ist.

Regeln gelten für kleine Hunde wie für große. Einen Bonus für Niedlichkeit gibt es sicher nicht.

5 Das Rudel geht nicht ohne Boss. Ihr Hund geht niemals alleine auf die Jagd, das heißt: Er entfernt sich nicht von seinem Rudel und macht sich nicht alleine auf den Weg. Das gilt für einen Spaziergang ebenso wie für einen Gang in den Garten. Ohne Ihre Erlaubnis darf er sich nicht entfernen.

6 Selbst ist der Mensch. Sie haben es nicht nötig, dass ein Rangniederer Sie verteidigt, hütet oder bewacht. Sie können selbst auf sich aufpassen. Natürlich entscheiden Sie auch, wo Sie hingehen und mit wem Sie Kontakt aufnehmen. Sie bestimmen, was Sie tun, und Sie kontrollieren Ihr Revier.

Ihr Hund, Ihr Haus – Ihre Regeln

Natürlich können Sie auch ganz individuelle Hausregeln aufstellen, die auf Ihre Bedürfnisse abgestimmt sind. Jeder hat andere Ansprüche, Voraussetzungen und Vorstellungen. Wichtig ist, dass Sie Ihrem Hund einen verbindlichen Rahmen vorgeben, in den er sich einsortieren kann.

Individuelle Regeln aufstellen

Für Sie und Ihr Seelenheil ist es wichtig, mit Ihrem Vierbeiner ausgiebig auf dem Sofa zu kuscheln? Dann machen Sie das! Sie sollen nur wissen, was Sie tun: Sie räumen Ihrem Hund eine gehobene Position auf dem Chefsessel ein. Er ist trotzdem ein angenehmer Zeitgenosse, der sich gut ins Rudel einfügt und zuverlässig Ihre Kommandos ausführt? Dann ist alles in bester Ordnung. Als Rudelführer können Sie Ihrem Hund Freiheiten gestatten. Zeigt er aber unerwünschtes Verhalten und lässt zum Beispiel

Für viele ein Muss nach einem anstrengenden Tag. Denken Sie aber immer daran, dass es für den Hund ein Privileg ist, auf dem Sofa liegen zu dürfen.

Ihren Partner nicht mehr zu Ihnen auf das Sofa, dann haben Sie ein Problem. Lösen Sie es, indem Sie die Hausregeln verschärfen. Das heißt für den Hund: Runter vom Sofa! Damit es gar nicht so weit kommt, zeigen Sie ihm, dass er zwar auf das Sofa darf, Sie deshalb aber nicht Ihre Chefposition räumen. Laden Sie ihn daher zum Kuscheln ein, er darf nur auf das Sofa, wenn Sie es ihm gestatten. Und Sie sagen auch, wann Schluss ist. Dann muss er wieder runter. Er darf bei Ihnen liegen, aber Sie entscheiden, wann und wie lange.

Die Hausregeln wieder aufpeppen

So schwer es uns Hundehaltern oft fällt, die Kommandos immer eindeutig und konsequent zu erteilen, so schwer fällt es auch, die Hausregeln konsequent einzuhalten. Wenn es wieder schnell gehen soll, ist es auch uns oft egal, ob der Vierbeiner vor uns aus der Tür geht oder nicht. Und wenn er uns so süß sein Spielzeug bringt, greifen wir danach und spielen gern mit ihm. So geht es doch jedem im Alltag, oder? Das schmälert aber noch nicht gleich Ihre Rolle als souveräner Rudelchef. Denn solange Sie sich Ihrer Fehler bewusst sind, können Sie sie jederzeit auch wieder korrigieren. Oft sind es nur Kleinigkeiten, die auch keinen großen Einfluss auf das Verhalten des Hundes haben. Wird er aber aufmüpfig und ungehorsam, dann müssen Sie überlegen, wie Sie es mit Ihrer Konsequenz und Ihren Hausregeln halten. Haben Sie Ihrem Vierbeiner aus Unaufmerksamkeit oder Bequemlichkeit zu viele Freiheiten gestattet? Haben sich die Grenzen zunächst unbemerkt, dann doch deutlich verschoben? Daran hat der Hund keine Schuld, sondern der Zweibeiner war nachlässig. Deshalb werden Sie ihn auch nicht schimpfen, sondern in Zukunft wieder besser auf die Regeln achten.

Das wird nicht geduldet

Was aber, wenn Ihr Hund etwas angestellt hat, das eine unerhörte Überschreitung Ihrer Regeln ist? Sollen Sie ihn dann bestrafen? Wenn ja, wie? Auch eine Hündin duldet nicht jedes Verhalten ihrer Welpen und zeigt ihnen frühzeitig Grenzen auf. Wird es ihr zu bunt, greift sie durch.

Direkte Ansagen machen

Machen auch Sie Ihrem Hund gleich deutlich, wenn etwas nicht in Ordnung ist. Sie erziehen ihn mit Spiel, Spaß und Leckerlis. Aber alles hat seine Grenzen. Sitzt er auf dem Sofa und knurrt Sie an, dann schicken Sie ihn mit einem (!) deutlichen »Nein!« runter. Geben Sie ihm die Chance, Sie als Rudelführer ernst zu nehmen und den Platz zu räumen. Macht er das nicht, sondern knurrt oder schnappt sogar nach Ihnen, ist der Spaß vorbei! Dann nehmen Sie den Hund am Nacken, ziehen ihn vom Sofa und lassen einen Schrei los. Es muss sofort passieren und ganz schnell gehen. Das Überraschungsmoment ist wichtig. Nachträglich bringt es nichts, da der Hund die Strafe dann nicht richtig verknüpft.

Den Hund disziplinieren

Ein gutes Hilfsmittel zur Disziplinierung ist Wasser. Kein Hund mag es, wenn er überraschend von einem kräftigen Wasserstrahl getroffen wird. So ist eine mit Wasser gefüllte Ketchupflasche gut geeignet, um Gebelle am Zaun zu ahnden. Am besten haben Sie etwas Abstand zu Ihrem Hund und halten die Flasche hinter Ihrem Rücken. So weiß er nicht, wo das Wasser herkommt und verbindet den Schrecken nicht mit Ihnen. Selbst eine leere Plastikflasche, die geflogen kommt, sobald der Hund am Teppich nagt, kann Wunder wirken. Oft reicht es aus, den Hund während seines Fehlverhaltens zu erschrecken.

War Ihr Hund wieder einmal schneller vor der Tür? Tun Sie dann wenigstens so, als würden Sie es ihm gestatten und geben ihm ein »Okay« mit auf den Weg.

Und kommt es ausnahmsweise einmal vor, dass der Hund nach Ihnen schnappt und Ihnen dann vor lauter Schreck als Reflex eine Hand ausrutscht, müssen Sie sich nicht in Grund und Boden schämen. Besser, Ihr Hund schnappt nach dieser authentischen Reaktion nie wieder nach Ihnen, als ein Dauerproblem zu haben. Natürlich ist das aber kein Freifahrtschein für Gewalt in der Hundeerziehung. Strafen Sie Ihren Hund auch nicht mit einer Zeitung oder der Leine. Allein durch die zeitliche Verzögerung kann er das nicht mit seinem Fehlverhalten verknüpfen und verliert das Vertrauen zu Ihnen. Schütteln Sie Ihren Hund nicht und unterwerfen Sie ihn nicht durch den sogenannten Alphawurf. Dabei kann man so viel falsch machen, dass die Mensch-Hund-Beziehung für immer gestört ist. Und das wollen Sie ja nicht. Selbst bei ernsten Problemen bleiben Sie souverän – und holen professionelle Hilfe.

Was einer lustig findet, ist für andere ein Graus. Bitten Sie Ihren Besuch, den Hund nicht noch zu Fehlverhalten wie dem Hochspringen zu animieren.

Der Haustyrann

Hängt der Haussegen schief, weil sich der Hund zu Hause unschöne Verhaltensweisen angewöhnt hat oder er aus seinem Vorleben schlechte Eigenschaften mitbringt, sollten Sie dem nicht aus dem Weg gehen. Mit den 11 Kommandos bekommen Sie das wieder in den Griff.

Ein harmonisches Zuhause

Hunde ordnen sich gerne in ihr Familienrudel ein. Doch ist man selbst allzu locker, übernehmen sie schnell die eine oder andere Aufgabe im Haus. Und so verhalten sie sich dann. Mit ein wenig Konsequenz und deutlichen Kommandos zeigen Sie Ihrem Liebling, wer das Sagen hat.

Der Hund bellt, wenn es klingelt

Wenn der Hund bei jedem Klingeln lautstark bellt, nervt das nicht nur Sie. Auch Ihre Nachbarn und Ihre Besucher werden nicht begeistert sein. Ihr Vierbeiner sollte sein Verhalten also schleunigst ändern.

Lösung 1: Bevor Sie zur Tür gehen und öffnen, bringen Sie zuerst Ihren Vierbeiner zur Ruhe. Ein »Nein!« oder ein »Lass es!« ist in diesem Fall das richtige Kommando. Wichtig ist, dass Sie selbst nicht hektisch zur Tür rennen, denn das gibt Ihrem Hund noch mehr Anlass, sich aufzuregen. Bringen Sie ihn daher ganz ruhig an eine Stelle, von wo aus er die Tür nicht sieht, und legen Sie ihn dort mit einem »Platz!« ab. Kontrollieren Sie zunächst, ob er auch liegen bleibt und gehen Sie dann zur Tür, um sie zu öffnen. Ihr Hund soll lernen, dass das nicht sein Job ist.

Lösung 2: Es ist vorteilhaft, wenn Ihr Hund eine Hundebox hat, in die er gerne geht. Klingelt es, können Sie ihn in seine Box schicken. Zu Anfang schließen Sie das Gitter, so können Sie sicher sein, dass er unter Kontrolle ist. Werfen Sie doch einen Keks oder einen Kauknochen in die Box. Dann hat der Hund einen guten Grund hineinzugehen. Und er lernt schnell und mit Erfolg. Später lassen Sie die Boxtür gerne offen, den Keks gibt es trotzdem. Bellt Ihr Hund nicht mehr beim Klingeln und bleibt zuverlässig liegen, können Sie ihn auch in Türnähe ins »Platz!« legen.

Lösung 3: Sollte er doch noch einmal auf das Klingeln mit Gebelle antworten, können Sie ihn auch in seinem Verhalten stören. Dann fliegt eine klappernde Dose oder eine leere Plastikflasche. Nicht auf den Hund, aber knapp daneben.

Tipp: Hängen Sie während der Übungsphase einen Zettel an die Tür: »Bin gleich da!« Das informiert Ihre Besucher und nimmt Ihnen den Stress. Um mit dem Üben nicht warten zu müssen, bis es irgendwann klingelt, bitten Sie doch einen Freund, öfter bei Ihnen zu klingeln, und üben Sie so ganz geduldig mit Ihrem Hund.

Der Hund verteidigt Haus und Garten

Hunde, die sich für ihr Revier verantwortlich fühlen, bellen oft nicht nur am Gartentor oder der Haustür, sondern verweigern Besuchern auch den Zutritt. Deshalb sollte sich Ihr Vierbeiner nicht alleine im Garten aufhalten. Denn so lernt er, auf das Grundstück aufzupassen. Sind Sie im Garten immer dabei, weiß Ihr Hund, dass Sie sich auch um diesen Revierbereich kümmern.

Lösung 1: Gäste sollte der Hund nicht vor Ihnen begrüßen. Das machen Sie selbst. Er wird ins »Platz!« gelegt und darf erst hinzu, wenn Sie es gestatten. Damit geben Sie nicht nur Ihrem Gast ein gutes Gefühl, sondern Ihrem Vierbeiner auch Sicherheit. Gerade ängstliche Hunde verbellen Gäste oft aus Unsicherheit. Entscheiden Sie, wer ins Haus darf oder nicht, kann sich der Hund entspannt auf seine Decke legen und muss nichts Schlimmes fürchten. Sie haben alles im Griff.

Lösung 2: Es gibt Hunderassen, die gerne bewachen, dazu gehören beispielsweise Sennenhunde. Ist auch Ihr Hund so ein Aufpasser, müssen Sie von klein auf darauf achten, dass nicht er, sondern Sie die Verantwortung für das Revier tragen. Auf jeden Fall sollten Wachhunde bei Besuch begrenzt bleiben, das heißt, nicht im ganzen Wohnbereich umherlaufen dürfen.

Lösung 3: Sollten Sie einen Hund aus zweiter Hand haben, der besonders ausgeprägt bewacht oder sogar dazu ausgebildet ist, unterscheidet er vielleicht nicht zwischen Freund und Feind. Bei solch einem Hund raten wir dringend, sich Unterstützung von einem spezialisierten Hundetrainer zu holen.

Tipp: Wenn Sie Ihren Hund begrenzen und ihn dafür in ein anderes Zimmer bringen oder ihn nicht alleine in den Garten lassen, müssen Sie kein schlechtes Gewissen haben. Sie berauben ihn nicht seiner Freiheit. Hunde wollen gar nicht so viel Freiraum. Sie möchten vom Menschen Sicherheit erhalten und nicht selbst Entscheidungen treffen. Ist doch auch anstrengend.

Der Hund bewacht Sofa oder Bett

Hund auf dem Sofa und Hund im Bett? Das darf jeder halten, wie er mag. Lassen Sie sich das nicht vorschreiben – solange Ihr Hund sich im Rudel einordnet und Sie als Rudelführer akzeptiert. Missachtet er aber Ihre Autorität oder verhält sich gar aggressiv, dann gibt es nur eines: Runter vom Sofa, raus aus dem Bett – und zwar sofort!

Lösung 1: Schicken Sie ihn mit einem deutlichen »Nein!« von jeder erhöhten Liegemöglichkeit und dann auf seinen Platz (→ Seite 133).

Lösung 2: Sind Sie nicht zu Hause, entziehen Sie ihm den Zugang zu Sessel, Sofa und Bett. Können oder wollen Sie ihn nicht auf ein Zimmer ohne diese Möbel begrenzen, nehmen Sie ihnen die Gemütlichkeit: Liegen Klappboxen oder ein tragbarer Wäscheständer darauf, ist der Reiz weg.

Tipp: Wollen oder können Sie Ihren Hund nicht aus Ihrem Schlafzimmer verbannen, müssen Sie ihn immer wieder auf seinen gemütlichen Platz am Boden schicken. Eine geräumige Hundebox erleichtert Ihnen ein konsequentes Durchgreifen. In ihr ist der Vierbeiner begrenzt, darf aber trotzdem in Ihrer Nähe schlafen.

»Sitz!« Viele Menschen werden mit Sicherheit die vorbildliche Erziehung und das freundliche Wesen Ihres Vierbeiners zu schätzen wissen.

So bleibt es friedlich

Die eigenen vier Wände haben für Ihren Hund einen hohen Stellenwert, dort bekommt er sein Futter, hat in der Wohnung seine Ruheplätze und genießt zu Hause entspannte Momente mit seinen Menschen. Alles was wichtig ist, bietet natürlich auch Anlass für Konflikte. Im Haus nutzen Sie meist offene Kommandos, aber auch die geschlossenen und die Regelkommandos sorgen für Struktur und Ruhe im Familienrudel.

So harmonisch das Verhältnis auch sein mag: Lassen Sie Kleinkind und Hund nie miteinander allein.

Kind und Hund

Kinder und Hunde sind oft wunderbare Gespanne. Damit deren Verhältnis ungetrübt bleibt, müssen Erwachsene ein Auge darauf haben und sollten Kind und Hund nicht alleine lassen. Denn Hunde fühlen sich durch das tollpatschige Verhalten von Kindern oft bedroht. Spielt ein Kleinkind auf dem Boden, darf der Hund gerne in der Nähe sein – aber mit Abstand und in Parkposition. Ist Ihr Kind alt genug, bringen Sie ihm dann bei, wie es mit einem Hund umgehen soll. Kinder entwickeln schnell Verständnis

und Gespür für Tiere. Sie sollten sich mit stürmischen Umarmungen zurückhalten und den Hund auf seinem Ruheplatz nicht stören. Die gemeinsamen Spiele sollen nicht zu wild werden. **Tipp:** Kinder dürfen einem Hund nie das Spielzeug aus dem Maul nehmen – der Hund kann lernen, es ihnen vor die Füße zu legen. Möchte der Hund dem Kind das Spielzeug geben, sagen Sie »Aus!«. Will das Kind nach dem Spielzeug ins Hundmaul greifen, sagen Sie »Aus!« und der Hund lässt es fallen. Mit etwas Übung lernen beide, dass das gemeinsame Ballspiel nur funktioniert, wenn der Ball am Boden liegt und das Kind ihn von dort aufnehmen kann. Nehmen Sie sich reichlich Zeit für solche Dinge, dann haben Kind und Hund viel Freude miteinander.

Alles meins!

Sobald es um ihr Futter geht, kommt bei manchen Hunden das Raubtier richtig durch. Zeigen Sie Ihrem Vierbeiner mit den geschlossenen Kommandos ganz konsequent, dass Sie auch beim Füttern gutes Benehmen erwarten.

Der Hund ist beim Füttern so stürmisch

Geben Sie Ihrem Hund den gefüllten Futternapf, darf er nicht über ihn herfallen. Er soll warten, bis Sie das Futter freigeben.
Lösung: Bringen Sie Ihren Hund mit dem Kommando »Platz!« mit ein wenig Abstand zum Napf in Warteposition. Legt er sich nicht gerne hin, dann verwenden Sie einfach ein »Sitz!«. Diese Parkposition hält der Hund so lange, bis Sie das Liegen oder Sitzen mit »Okay« auflösen. Erhöhen Sie danach Abstand und Wartezeit ganz langsam – so, wie es für Sie im Alltag dann praktisch ist. Bleibt der Hund brav liegen, auch wenn Sie den Napf abstellen, lösen Sie das Kommando mit »Okay« auf. Steht der Vierbeiner vor Ihrem

»Okay« auf, nehmen Sie den Napf wieder weg und legen oder setzen den Hund erneut hin.
Tipp: Sind Sie bei der Futterfreigabe von Beginn an konsequent, wird es zu folgendem Problem erst gar nicht kommen.

Er verteidigt sein Futter

Ihr Hund verteidigt sein Futter, wenn Sie oder ein Familienmitglied sich nähern? Warum? Ein Hund frisst gerne in Ruhe und mit der Gewissheit, dass das, was im Napf ist, auch tatsächlich ihm gehört. Wird er häufig beim Fressen gestört, weil sein Futterplatz an einer unruhigen Stelle eingerichtet ist, wird er diesen Platz und sein Futter sicher bald verteidigen. Kann Ihr Hund in aller Ruhe fressen, knurrt aber trotzdem, können Sie das nicht dulden. Es ist wichtig, dass Sie jederzeit Zugang zum Futter des Hundes haben, wenn es sein muss. Das muss er akzeptieren.
Lösung: Sollte er Sie anknurren, nehmen Sie ihm sofort und beherzt den Napf weg. Bringen Sie den Hund zu seinem Liegeplatz und geben Sie ihm das Kommando »Platz!«. Seien Sie klar und deutlich. Erst wenn er zuverlässig liegen bleibt, lösen Sie das Kommando mit einem »Okay« auf und lassen ihn erneut an seinen Napf. Sind Sie sich nicht ganz sicher, was beim nächsten Füttern

geschieht, bereiten Sie sich vor. »Bewaffnen« Sie sich mit Wasser oder einer klappernden Dose. Geben Sie Ihrem Hund den Napf und nehmen Sie ihm diesen sofort wieder weg. Knurrt er, bespritzen Sie ihn mit Wasser oder erschrecken Sie ihn mit der Klapperdose. Dann bringen Sie ihn zu seinem Platz. An seinen Napf darf er erst, wenn er sich entspannt hat.
Tipp: Trainieren Sie das nicht täglich, denn sonst wird Ihr Hund dauernd beim Fressen gestört. Ein Kreislauf beginnt. Lieber einmal ordentlich erschrecken, dann einige Tage in Ruhe fressen lassen und ihm in der nächsten Woche den Napf probehalber wegnehmen. Zeigt sich der Hund jedoch zunehmend aggressiv, sollten Sie sich unbedingt Hilfe von einem Profi holen.

Der Hund klaut vom Tisch

Ihr Hund klaut Lebensmittel? Wie alle Langfinger sollte auch Ihrer nicht in Versuchung geführt werden: Passen Sie auf Ihre Sachen auf und lassen keine Wurstteller auf dem niedrigen Wohnzimmertisch stehen.
Lösung: Erwischen Sie Ihren Hund trotzdem beim Klauen, sagen Sie »Nein!«. Kaut er bereits genüsslich, verlangen Sie mit einem »Pfui!«, dass er ausspuckt, was er gerade frisst. Beide Kommandos geben Sie nicht im netten Säuselton. Ihr Hund soll schon wissen, dass Sie ungehalten sind. Klaut er in Ihrer Abwesenheit, können Sie nicht nachträglich strafen. Sie sind selbst schuld, denn Sie haben vergessen aufzuräumen. Klaut Ihr Hund und wollen Sie trotzdem Lebensmittel für die Kinder stehen lassen, greifen Sie zu einer List: Verleiten Sie ihn mit einer Wurst, die so groß ist, dass er sie nicht mit einem Bissen fressen kann. An die Wurst hängen Sie mehrere fest verschlossene Dosen mit Schrauben oder Schlüsseln drin. Es muss so richtig scheppern. Will Ihr Hund die Wurst dann heimlich fortschaffen, erschreckt er sich und bestraft sich selbst.

Unerwünschtes Verhalten verbieten Sie sofort mit »Nein!« und überlegen, wie Sie es verhindern können.

Braver Hund

Egal in welcher Situation: Ob allein daheim, beim Spiel an der Leine oder sogar im Rudel: Jeder Hund soll sich ordentlich benehmen. Auch hier helfen Konsequenz, Geduld – und natürlich die 11 Kommandos.

Bello allein zu Hause

Alleinsein ist nicht schön, vor allem nicht für Rudeltiere. Trotzdem kann jeder Hund lernen, einige Zeit alleine zu bleiben und geduldig und brav auf seinen Menschen zu warten.

Alleinbleiben lernen

Vielen Hunden fällt es schwer, allein zu bleiben. Aus Frust, Angst oder Langeweile jaulen und bellen sie und beginnen, sich mit Dingen zu beschäftigen, die ihr Mensch gar nicht gutheißt. Mit einfachen Mitteln können Sie Ihrem Hund die Situation erleichtern und ihm beibringen, gesittet zu warten, bis Sie wieder da sind. **Lösung:** Bevor Sie das Haus verlassen, gehen Sie ausgiebig mit Ihrem Hund spazieren, damit er sich bewegen und lösen kann. Lassen Sie ihn dann mit »Leg dich!« und einem größeren Keks in einem Raum zurück, von dem aus er die Haustür nicht einsehen kann. Er soll nicht sehen, dass Sie außer Haus gehen. Er soll auch nicht den Garten beobachten oder in der ganzen Wohnung umherwandern können, sondern sich auf einen Raum beschränken. Er muss jetzt nichts bewachen und darf sich entspannen. Selbstverständlich hat er sein Körbchen, ausreichend Wasser und etwas zum Kauen. So lässt sich's aushalten. Lassen Sie Ihren Hund beim ersten Mal nicht gleich eine Stunde lang allein. Bringen Sie den Müll raus, begleitet er Sie nicht, sondern bleibt in seinem Zimmer. Den kurzen Gang zum Bäcker machen Sie schnell mal allein. Klappt das, steigern Sie langsam die Zeit Ihrer Abwesenheit. **Tipp:** Egal wie lange Sie weg waren, Sie begrüßen Ihren Hund nicht überschwänglich, auch wenn es schwer fällt. Sie legen in Ruhe Ihre Jacke ab, trinken etwas in der Küche und kümmern sich dann wie üblich um ihn. So zeigen Sie: Es ist nichts Besonderes, wenn niemand zu Hause ist. Wenn Sie kurz den Müll rausbringen, gibt es schließlich auch keine große Wiedersehensszene.

Die Leine ist kein Spielzeug

Sie spielen mit Ihrem Hund zwar viel und oft an der Leine, aber niemals mit der Leine. Die Leine dient ausschließlich der Sicherheit und ist Ihr verlängerter Arm zum Hund.

Meine Leine beiß ich nicht

Beißt Ihr Hund unterwegs in die Leine und spielt lustig damit? Genau, wie Sie ihn nicht mit der Leine schlagen, darf er nicht hineinbeißen.

Zwei Hunde können das Kommando »Bei mir!« zeitgleich korrekt ausführen. »Fuß!« hingegen nicht.

Lösung 1: Beißt er hinein, folgt von Ihnen ein klares »Nein!«. Wir sagen nicht »Aus!«, denn wir wollen ihm die Leine ja nicht wegnehmen. Er soll sein Verhalten stoppen.

Lösung 2: Beißt unser Hund trotz des »Nein!« immer wieder in die Leine, hat er zu viel Energie und zu wenig Beschäftigung. Um ihn auszupowern, spielen Sie mit einem Spielzeug mit ihm, natürlich an der Leine. Anschließend beschäftigen Sie ihn immer wieder auch mit Übungen: Je nach Ausbildungsstand ein »Fuß!«, ein »Setz dich!« oder ein »Platz!«. Es folgen Lob, Leckerlis und wieder Spiel. So ist unser Hund geistig gefordert und hat Besseres zu tun, als in die Leine zu beißen.

Tipp: Lässt Ihr Hund trotz Ihrer Bemühungen nicht von seiner Unart ab, kommt der Trick mit dem Igitt! Geben Sie etwas Teebaumöl oder Tabasco auf die Leine und Ihr Hund beißt bestimmt nicht hinein. Keine Angst, das quält ihn nicht. Und er muss es ja nicht wiederholen.

Mehrere Hunde sicher führen

Hunde freuen sich über einen Artgenossen im Rudel. Haben Sie zwei oder mehr Hunde, helfen Ihnen die 11 Kommandos wirklich sehr, im Alltag immer konsequent zu sein.

Mit dem Zweiten geht es besser

Haben Sie mehr als einen Vierbeiner, eignen sich vor allem die offenen Kommandos, um allen zeitgleich ein Kommando zu geben. Bei einem »Setz dich!« sollen sich alle Hunde hinsetzen – das ist dann eine ganz entspannte Sache. Natürlich muss das auch bei den geschlossenen Kommandos funktionieren. Denn im Notfall müssen auch zwei Hunde sicher und zuverlässig so lange im »Platz!« liegen bleiben, bis ein »Okay« ihnen das Aufstehen erlaubt.

Tipp 1: Das Training der Kommandos findet für jeden Hund einzeln statt. Nur so können Sie richtig spielen, belohnen, korrigieren und sinnvoll mit Ihrem Hund arbeiten. Der andere bleibt außer Sichtweite, damit er keinen Quatsch macht und den Hund im Training ablenkt. Hunde aus kleinen Rudeln genießen es sehr, wenn der Chef sich zeitweise nur mit ihnen beschäftigt. Für Sie ist das Einzeltraining auch wichtig, da Sie so zu jedem Ihrer Hunde eine Bindung aufbauen. Jeder

Trubel im Rudel? Mit einem kurzen »Leg dich!« haben Sie selbst drei Hunde schnell wieder im Griff.

Hund soll lernen, dass er vor allem mit Ihnen Spaß an der Arbeit und beim Spiel hat. Beschäftigen sich die Hunde nur miteinander, lernen sie eigene Wege zu gehen. Ruft dann einer während des Freilaufs zur Jagd auf, wird der andere sofort folgen, statt bei Ihnen zu bleiben.

Tipp 2: Beim Spaziergang müssen nicht immer alle Hunde gleichzeitig Freilauf haben. Lassen Sie einen sausen und leinen Sie den anderen an.

Tipp 3: Ein Hund darf seinen Napf oder Knochen gegenüber dem anderen verteidigen. Sollte aber einer eine Rauferei anfangen, gehen Sie mit einem lauten »Nein!« dazwischen. In die Rangfolge zwischen den Hunden greifen Sie in der Regel aber nicht ein.

Mobil mit Hund

Hunde begleiten ihre Menschen nicht nur bei Spaziergängen oder beim Sport. Sie dürfen mit zu einem Besuch bei Freunden oder fahren im Urlaub gern ans Meer. Einige Vierbeiner dürfen sogar mit ihrem Zweibeiner an den Arbeitsplatz.

Der Hund im Auto

Viele Hunde fahren gerne mit im Auto, andere gar nicht. Bringen Sie Ihrem Hund von Anfang an bei, dass er im Auto ganz entspannt sein kann, und üben Sie vor allem das sichere Aussteigen.

An das Auto gewöhnen

Auf Seite 39 haben wir beschrieben, wie Sie einen Welpen für das Autofahren begeistern. Auch erwachsene Hunde lassen sich so wieder an das Fahren im Auto oder das Einsteigen gewöhnen. Nehmen Sie sich aber auch bei ihnen Zeit.
Lösung: Üben Sie zunächst mit dem stehenden Auto. Lassen Sie den Hund selbstständig ein- und aussteigen, am besten nicht nur in das Heck des Kombis oder auf die Rückbank, sondern gleich in eine dort aufgestellte und gesicherte Hundebox. Belohnen Sie jedes Einsteigen und werfen Sie zusätzlich ein wenig Futter in die Box. Fühlt der Hund sich sicher, sagen Sie »Leg dich!« und schließen dann ganz sachte die Box, die Heckklappe oder die Tür. Fahren Sie nur eine kurze Strecke – ein paar Minuten reichen aus – und gehen Sie dann mit Ihrem Hund spazieren. Er soll lernen: Autofahren bedeutet immer auch Spiel und Spaß. Üben Sie das, auch wenn Ihr Hund Probleme damit hat. Er wird lernen, dass auf die Fahrt ein angenehmes Ereignis folgt. Fahren Sie gar nicht oder bewusst wenig Auto mit Ihrem Hund, wird er das auch nicht lernen.

Tipp: Am besten ist der Hund während der Fahrt in einer Hundebox aufgehoben. Gut geeignet sind die weitgehend geschlossenen Boxen. Diese bieten nicht nur Sicherheit, sondern auch Ruhe. Der Hund ist auf einen Raum begrenzt und hat wenig Sicht nach draußen. Dann bekommt er von der Fahrt nichts mit? Soll er auch nicht. Denn zu viele Eindrücke beunruhigen ihn nur. Parkt das Auto, verleitet ihn der Blick nach draußen zum Bewachen des Wagens. In der Box hat der Hund keine Aufgabe zu übernehmen, sondern kann sich in aller Ruhe hinlegen.

Richtig ein- und aussteigen

Ihr Hund fährt gerne und entspannt mit Ihnen Auto. Gut! Aber auch das Aussteigen will gelernt sein. Ihr Hund soll niemals eigenständig aus dem Auto springen. Das ist viel zu gefährlich. Am besten machen Sie ein Ritual aus dem Aussteigen, dann ist sicher: Ihr Hund bleibt, wo er ist, auch wenn die Heckklappe oder Tür offen steht.
Lösung 1: Egal, ob Ihr Hund auf der Rückbank, im Heck oder in einer Box sitzt. In allen Fällen geben Sie ihm ein »Platz!«, leinen ihn in aller

Bei offener Heckklappe ist »Platz!« das richtige Kommando. Erst ein »Okay« erlaubt das Aussteigen.

Ruhe an und wenn er auf der Rückbank ange-schnallt war, öffnen Sie den Sicherheitsgurt. Geben Sie Ihrem Hund ein Leckerli und gestat-ten Sie ihm erst dann mit einem »Okay« das Aussteigen. Das machen Sie jedes Mal. Hier ist absolute Konsequenz gefragt.

Lösung 2: Hat Ihr Vierbeiner noch nicht gelernt im »Platz!« zu liegen, können Sie das Aussteigen auch anders ritualisieren. Sie öffnen die Tür, Heckklappe oder Box nur ein wenig und greifen das Halsband des Hundes. Dann öffnen Sie ganz und füttern ihn mit Leckerli, halten dabei aber den Hund am Halsband fest. Leinen Sie ihn an, während er frisst, gegebenenfalls gurten Sie ihn dabei auch ab. Dann lassen Sie ihn mit »Okay« aussteigen. Lernt der Hund, dass er vor dem Aus-steigen jedes Mal ein Leckerli bekommt, wird er in Zukunft warten, bis er eines erhalten hat.

Tipp: Von einem »Sitz!« im Auto raten wir ab. Hält der Hund dieses Kommando nicht, ist er aus der Sitzposition viel zu leicht auf und davon. Aus dem Platz dauert es etwas länger und Sie haben Zeit zu reagieren. Sollte der Hund doch einmal selbstständig ausgestiegen sein, muss er schnellstens wieder einsteigen und erneut war-ten, bis Sie ihm das Aussteigen gestatten.

Unterwegs mit Bus und Bahn

In öffentlichen Verkehrsmitteln ist es nicht nur eng, man trifft auch auf sehr unterschiedliche Menschen. Nehmen Sie daher Rücksicht, wenn Sie mit Ihrem Hund im Zug, Bus oder in der U-Bahn und Straßenbahn unterwegs sind.

Der vierbeinige Mitfahrer

In öffentlichen Verkehrsmitteln ist der Platz des Vierbeiners nicht auf der Sitzbank, sondern am Boden. Dort sollte er während der Fahrt am bes-ten liegen, da er in dieser Position andere am wenigsten ängstigt. Sorgen Sie sich aber nicht nur um Ihre Mitmenschen, sondern auch um Ihren Hund. Liegt er nicht im Durchgangsbe-reich, sondern in einer ruhigen Ecke, beruhigt das Reisende wie Hund gleichermaßen. Er soll auch nicht bedrängt oder gar getreten werden und niemand soll aus Platzmangel über ihn stei-gen müssen. Bitten Sie hundebegeisterte Mitrei-sende, ihn nicht zu streicheln und ihn auch nicht anzusprechen. Viele Vierbeiner reagieren auf die

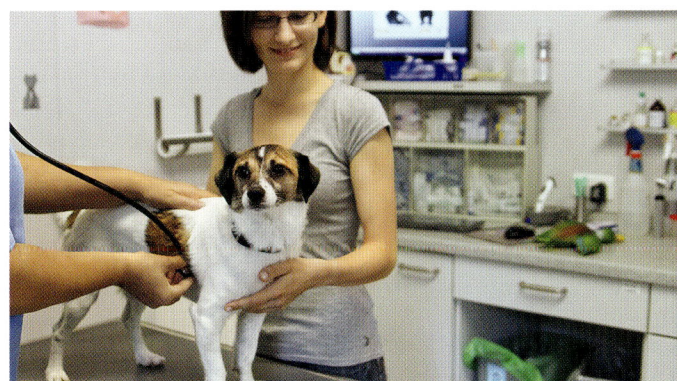

Fahrt zum Tierarzt: Verwenden Sie dort lieber nur die offenen Kommandos. Das ist für alle entspannter.

Fahrgeräusche und die Enge in Bahn und Bus sehr gestresst. Je mehr Ruhe Ihr Hund hat, desto entspannter ist die Fahrt für ihn.

Lösung: Je nach Ausbildungsstand geben Sie Ihrem Hund ein »Platz!« oder öfter ein »Leg dich!«. Gestressten Hunden fällt das »Platz!« sehr schwer. In solchen Situationen macht es auch kaum Sinn, zu üben, da Ihr Hund sich nicht konzentrieren kann. Bauen Sie keinen Druck auf, sondern arbeiten Sie lieber mit »Leg dich!«. So ist die Situation für alle entspannter.

Tipp: Zur Beruhigung, auch der eigenen Nerven, können Sie Ihren Vierbeiner zu Hause langsam an einen Maulkorb gewöhnen, den Sie ihm in öffentlichen Verkehrsmitteln anlegen.

Ein Spaziergang, der ist lustig

Zumindest sollte er das immer sein – und nicht nur für Sie und Ihren Vierbeiner. Mit den 11 Kommandos geben Sie Ihrem Hund Sicherheit. Und Ihren Mitmenschen signalisieren Sie, dass Sie ihn verantwortungsbewusst führen. So sind Sie überall gern gesehen.

Ablenkung, nein danke!

Dank der 11 Kommandos verblüffen Sie Ihre Umwelt mit einem ruhigen, freundlichen und zuverlässigen Hund, der cool und gelassen auf unterschiedlichste Ablenkungen reagiert und niemandem Angst einflößt.

Mit Hund in der Stadt

Die Stadt ist für Hunde ein spannender, anstrengender und nicht ungefährlicher Ort zugleich. Stadthunde gewöhnen sich recht schnell an das komplexe Umfeld, besucht aber ein Landei die Stadt, kann das schon sehr aufregend werden. Geduld ist dann gefragt. Und ein langsames Heranführen. Ohne Leine darf der Hund nur auf dafür ausgewiesenen Plätzen laufen, zu seiner eigenen Sicherheit ebenso wie zu der Ihrer Mitmenschen. Achten Sie nicht nur auf andere Menschen, sondern schützen Sie auch Ihren Hund vor allem, was ihm gefährlich oder unangenehm sein könnte. Niemand soll ihm zu nahe kommen und unabsichtlich einen Konflikt provozieren.
Lösung: Ist ausreichend Platz vorhanden, geht Ihr Hund in einem lockeren »Bei mir!«, wird es jedoch eng, dann gibt ein »Fuß!« ihm Sicherheit.
Tipp: Niemand soll Ihren Hund bedrängen. Auf die Frage: »Darf man den streicheln?«, antworten Sie am besten mit einem höflichen »Bitte nicht«. Meiden Sie mit Ihrem Vierbeiner große Men-

schenmengen. Wollen Sie auf den Weihnachtsmarkt oder zum Shoppen, ist er zu Hause oder im Auto sicherlich besser aufgehoben.

Kein Hundefreund?

Auch wenn es schwerfällt zu verstehen, es gibt Menschen, die Hunde nicht mögen oder Angst vor ihnen haben. Verantwortungsvolle Hundehalter respektieren das und lassen ihren Hund nicht auf fremde Menschen zulaufen und diese schon gar nicht anspringen.
Lösung: Begegnen Sie jemandem, geht Ihr Hund »Bei mir!«. Bemerken Sie, dass der Entgegenkommende Angst hat, nehmen Sie Ihren Hund mit dem Kommando »Fuß!« ganz dicht an sich heran und gehen zügig und mit Abstand vorbei. Sie können Ihren Hund auch mit »Sitz!« oder »Platz!« für einen kurzen Moment parken.
Tipp: Selbstverständlich hat die Schnauze eines Hundes nichts in einem Kinderwagen verloren. Sie lassen auch nicht seine Hinterlassenschaften auf dem Gehsteig zurück. Je rücksichtsvoller Sie sich verhalten, desto verständnisvoller reagieren andere auf Sie und Ihren Vierbeiner.

In Ortschaften sollten Sie den Hund mit »Bei mir!« oder »Fuß!« stets an der kurzen Leine führen.

Beim Kommando »Fuß!« hat auch ein mitteilungsfreudiger Rüde keine Gelegenheit mehr zum Markieren.

Der Rivale am Gartenzaun

Auf Ihrem Weg kommen sie zu einem Gartenzaun, der Hund dahinter tobt und bellt Ihren wütend an. Dieses Revierverhalten kann Ihren Hund provozieren, sodass er ebenfalls bellend an der Leine Richtung Zaun zieht.

Lösung: Sie als Rudelchef entscheiden, dass Sie das Gebelle nicht interessiert und wechseln wenn möglich noch vor dem Zaun die Straßenseite. Dort nehmen Sie Ihren Hund mit »Fuß!« ganz nah zu sich, falls er das noch nicht kann, sagen Sie »Bei mir!« und wecken mit Leckerlis sein Interesse. Zugleich gehen Sie zügig weiter, bis Sie am Grundstück des Rivalen vorbei sind.

Tipp: Lässt sich Ihr Hund künftig auf der anderen Straßenseite nicht mehr vom Gebelle ablenken, wagen Sie sich mit ihm an den Zaun. Nehmen Sie ihn wie oben beschrieben zu sich und richten Sie seine Aufmerkamkeit auf Ihre Leckerlis. Er wird sich nicht mehr für den Rivalen interessieren und ihn bald völlig ignorieren. Sein Interesse gilt Ihnen. Zur Freude der Nachbarn.

Spaziergang in der Dämmerung

Bei Spaziergängen in der Morgen- oder Abenddämmerung bleibt der Hund am besten immer an der Leine. Dann ist viel Wild unterwegs und der Hund ganz schnell weg. Manche Hunde sind in der Dämmerung viel wachsamer und bellen öfter. Auch der Mensch ist dann oft unsicherer und der Hund will ihn beschützen.

Lösung: Also müssen Sie auch in der Dunkelheit klarstellen, dass Sie auf sich selbst aufpassen können. Sie geben Ihrem Hund schnell die nötige Sicherheit, indem Sie zu Beginn des Spaziergangs »Sitz!« und »Platz!« üben und gelegentlich ein »Fuß!« abfordern. Kommt Ihnen jemand entgegen, lenken Sie den Hund mit Spiel und Leckerlis ab. So lernt er rasch, dass Sie alles im Griff haben und er sich auf Sie verlassen kann.

Tipp: Da Fahrrad- oder Autofahrer Ihren Hund im Dunkeln oft erst spät wahrnehmen, steigt das Unfallrisiko. Dann kann auch die Langleine zum Risiko werden. Daher sollten Sie Ihren Vierbeiner besser an der kurzen Leine führen.

Das Leben ist aufregend

Viele Hunde führen ein abwechslungsreiches Leben an der Seite ihres Menschen. Immer wieder gibt es spannende Ausflüge. Ihr Hund folgt Ihnen auch dann zuverlässig und entspannt, wenn Sie ihm ein wenig dabei helfen.

Spaßprogramm für Vierbeiner

Ob beim Hundetreff im Stadtpark oder beim Spaziergang auf dem Land – Ihr Vierbeiner kann überall viel erleben.

Auf der Hundewiese

Hundewiesen sind etwas, worum Landhunde Stadthunde beneiden. Wo sonst trifft man auf so viele, meist gut sozialisierte Artgenossen und kann ausgiebig miteinander toben und spielen? Aber auch dort gilt es einiges zu beachten.
Lösung: Sind Sie Neuankömmling, schauen Sie sich erst einmal in Ruhe alles an. Wo ist die nächste Straße? Ist die Wiese gesichert? Könnten Wild- oder andere Tiere in der Nähe sein? Welche Probleme könnte es geben? Beobachten Sie auch die spielenden Hunde und deren Besitzer. Nur wenn alles einen guten Eindruck auf Sie macht, leinen Sie Ihren Hund mit einem »Okay« ab. Hundehalter, die Ihre Hunde auf der Wiese spielen lassen, sollten immer in Bewegung sein und ihre Hunde stets im Auge haben, um Konflikte rechtzeitig mit »Hier!« zu unterbinden. Am besten nutzen sie die ganze Wiese, gehen hin und her, damit auch die Hunde die ganze Fläche nutzen und nicht in einer Ecke einen großen Pulk bilden. Haben Sie ein Augemerk auf die kleinen Hunde. Auch wenn sie robust erscheinen, sie werden von den Großen gern einmal übersehen und überrannt – das ist dann kein Spaß mehr.

Jeder Hundehalter ist für seinen Hund verantwortlich. Gehen angeleinte Hunde an der Wiese vorbei, rufen Sie Ihren Hund mit »Bei mir!« zurück, wenn er dort hinrennt.
Tipp: Kommt ein fremder Hund zu Ihnen, füttern oder streicheln Sie ihn nicht. Erziehen Sie fremde Hunde auch nicht und kümmern Sie sich nur um sie, wenn deren Mensch Hilfe braucht oder nicht gewillt ist, in eine kritische Situation einzugreifen. Futter und Spielzeug bleiben in der Tasche. So muss kein Hund seine Beute verteidigen oder Konflikte provozieren. Hunde genießen das gemeinsame Spiel. Klar, dass sie dann abgelenkt und aufgeregt sind. Auf der Hundewiese sollten Sie auf geschlossene Kommandos verzichten. Bahnt sich aber ein Konflikt an, rufen Sie Ihren Hund mit einem »Hier!« zu sich, leinen ihn an und verlassen die Wiese.

Selbstvertrauen

Ausgeglichene Hunde mit starkem Selbstvertrauen fangen selten eine Rauferei an und lassen sich auch nur selten dazu provozieren. Wozu auch? Das haben sie nicht nötig.

»Sitz!« ist das richtige Kommando, denn der Hund soll zuverlässig sitzen bleiben und geduldig warten.

Tipp: Um sich selbst und Ihrem Hund Vertrauen zu geben, trainieren Sie nicht nur die 11 Kommandos, sondern verschaffen Sie ihm und sich auch andere Erfolgserlebnisse. Lassen Sie ihn beim Spaziergang auf liegenden Baumstämmen balancieren und belohnen Sie ihn danach. Bauen Sie immer wieder Übungen ein, die Ihr Hund erfolgreich ausführt, und bestätigen Sie ihn dann mit Spiel und Leckerlis. Je ausgeglichener Sie und Ihr Hund sind, desto weniger laufen Sie Gefahr, in kritische Situationen zu geraten.

Der will nur spielen

Jogger, Fahrradfahrer, Inlineskater: Alles, was schneller als im Schritttempo unterwegs ist, erregt das Aufsehen von Vierbeinern. Die einen möchten jagen, die anderen hüten, die nächsten beschützen ihren Menschen – und manche Hunde wollen tatsächlich nur spielen.

Die 11 Kommandos helfen Ihnen, dass es zu solch einer Situation nie kommt. Ist Ihr Hund jung oder unerfahren, bleibt er dann besser an der Leine.

Jogger werden nicht gejagt

Dem Jogger ist diese Unterscheidung allerdings egal. Für ihn ist ein Hund, der ohne Leine auf ihn zugesaust kommt, ein wahrer Graus. Die Herzfrequenzmesser der meisten Sportler gehen dann auch gleich nach oben. Das darf nicht sein. Sie müssen Ihren Hund so unter Kontrolle halten, dass er niemanden belästigen und auch niemandem nachstellen kann.

Lösung 1: Sehen Sie einen Jogger in Ihre Richtung laufen, rufen Sie Ihren Hund mit einem »Hier!« zu sich. Er soll schnell kommen. Ein »Zu mir!« würde ihm in dieser Situation zu viel Spielraum geben. Ist der Hund bei Ihnen, können Sie ihn je nach Ausbildungsstand mit »Sitz!«, »Platz!« oder »Fuß!« so lange in Warteposition bringen, bis der Jogger an Ihnen vorbei ist.

Lösung 2: Sind diese Kommandos noch nicht gefestigt, lenken Sie Ihren Hund mit Spiel und Leckerlis ab. Auch ein Futterdummy eignet sich dafür hervorragend. Trainieren Sie das zunächst an der Leine. Gehen Sie bewusst mit Ihrem Hund auf belebten Wegen. Bei jedem Fahrradfahrer oder Jogger spielen Sie mit ihm oder lenken ihn mit einem Leckerli ab. Je öfter Hunde die Erfahrung machen, dass Jogger oder Radfahrer Spiel und Futter beim Menschen bedeuten, desto besser lassen sie sich auch ohne Leine abrufen.

Tipp: Lassen Sie sich auch gelegentlich bewusst überholen. Denn kommt ein Sportler überraschend von hinten, haben Sie kaum Möglichkeit zu reagieren. Ist Ihr Hund nicht an der Leine und setzt hinterher, rufen Sie ihn und zücken gleichzeitig das Spielzeug. Animieren Sie ihn zum Kommen. Gegebenenfalls wenden Sie sich um und rennen mit lautem »Juhuu« davon. Sie erinnern sich? Das Manöver des letzten Augenblicks (→ Seite 69)!

Der Hund im Jagdfieber

Wildtiere können ohne gebissen zu werden vor Stress sterben und Schafe erleiden Fehlgeburten. Ein auf Eichhörnchen fixierter Hund nimmt in der Parkanlage keine Rücksicht auf Kinder oder Fahrradfahrer, sondern rennt sie einfach um. Bei der Jagd auf Nachbars Katze kann Ihr Hund einen schweren Unfall verursachen. Sie sehen: Beim Jagen darf es kein Wenn und Aber geben.

Jagen gehört zum Überleben

Hunde finden überall Beute. Der Jagdtrieb ist tief in ihren Genen verankert. Um Spaß zu machen, muss eine Jagd aber nicht erfolgreich sein. Denn schon beim Hetzen erlebt der Hund ein Glücksgefühl, das ihn für die Anstrengung belohnt. Die Natur hat das sinnvoll eingerichtet. Auch ein Wolf hat nicht immer Jagderfolg und setzt seiner Beute beim fünften Anlauf noch mit vollem Einsatz hinterher. Brechen Sie mit Ihrem Hund zum Spaziergang auf, ist das ähnlich wie bei einer Jagd. Sie bestimmen, wo es langgeht, und geben vor, was gejagt wird. Der Hund darf nicht ausscheren und Sie unterbinden sofort jeden noch so kleinen Versuch für eine eigenständige Jagd: Das gilt für das Fangen von Mäusen ebenso wie die Hatz nach Vögeln und das Verjagen fremder Katzen vom eigenen Grundstück. Das alles ist Jagdverhalten, das Sie nicht dulden. Wenn Sie Ihren Hund nicht sicher abrufen können, muss er an die Leine. Keine Sorge, der Spaß ist nicht vorbei. Dank dem Training der 11 Kommandos können Sie ihm viele Alternativen bieten.

Jetzt heißt es schnell reagieren. Setzt Ihr Hund zum Jagen an, rufen Sie ihn sofort mit »Hier!« ab.

Auch Bälle sind Beute

Ein Jagdhund hat eine klar definierte Aufgabe, die er auf Verlangen des Jägers ausführt. Er darf aber niemals selbstständig jagen. Beim Hüten ist das Jagdverhalten darauf umgelenkt. Hütehunde arbeiten auf Zuruf des Schäfers. Auch Sie können das Verhalten Ihres Hundes umlenken. Damit er seine Jagdleidenschaft leben kann, spielen Sie mit ihm und bringen ihm bei: Ich werfe den Ball, du jagst und bringst ihn. Er arbeitet auf Zuruf und hat Freude am gemeinsamen Jagdspiel. Doch die Meinungen der Experten gehen auseinander. Einige vertreten die Ansicht, dass durch diese Form des Spiels Jagdverhalten geweckt und verstärkt wird. Sie raten von jedem Ballspiel ab. Andere Trainer, wie Tina Horn, sagen, dass man es auf das Spielverhalten umlenken kann. Sie hat damit gute Erfahrungen gemacht.

Ist ein Hund beschäftigt, hat er keine Zeit zur Jagd.

Jagdspiel mit strikten Regeln

Um das Jagdverhalten umzulenken, können Sie mit einem Futterdummy arbeiten. Dieser ist mit dem Lieblingsfutter des Hundes gefüllt und wird »Dummy, Dummy« genannt, quasi wie ein zusätzliches Spielkommando. Beginnen Sie im Garten oder auf sicherem Gelände.
Übung: Der Hund bewegt sich frei oder an der Schleppleine. Schnüffelt er, rufen Sie »Bello, Dummy, Dummy«. Der Name des Hundes wird zuerst gerufen, da ihm das auch schon das Kommen signalisiert. Kommt Ihr Hund sofort, spielen Sie ausgiebig mit ihm, öffnen den Dummy und lassen ihn daraus fressen. Diese Übung bauen Sie langsam auf. Hat sich beim Hund das Spielkommando gefestigt, wird er selbst bei einem aufspringenden Hasen zum Spielen und Fressen zu Ihnen kommen, wenn Sie »Dummy, Dummy« rufen. Selbstverständlich ersetzt der Dummy nicht Ihre Kommandos »Bei mir!« oder »Hier!«. Er dient als Hilfsmittel, sollte das

»Hier!« noch nicht gefestigt sein. Und als Rettungsversuch in brenzligen Situationen. In der Praxis funktioniert das sehr erfolgreich.

Spannung statt Langeweile

Damit der Hund nicht jagen geht, müssen Sie ihn geistig bei sich halten. Spielen Sie mit ihm und verlangen Sie ihm kleine Übungen ab, die Sie freudig belohnen – die offenen und geschlossenen Kommandos bieten Ihnen dafür viele Möglichkeiten. Gestalten Sie den Spaziergang abwechslungsreich. Hält Ihr Hund Blickkontakt oder kommt freiwillig zu Ihnen, belohnen Sie ihn. Er soll stets auf Sie fixiert sein und sich fragen: »Was passiert als Nächstes?« So halten Sie die Spannung. Denn wenn Sie gelangweilt daherlaufen, sucht er sich selbst Beschäftigung.
Tipp: Hat er sich doch zur Jagd abgesetzt, bleiben Sie ruhig und rufen nicht hinterher. Laufen Sie ihm vor allem nicht nach, denn das animiert ihn nur zum Weiterrennen. Bleiben Sie stehen, warten Sie, bis Ihr Hund wiederkommt, und loben Sie ihn für das Kommen. Anschließend nehmen Sie ihn an die Leine und frischen den Gehorsam auf, bis sich Ihr Hund wieder auf Sie fixiert.

Streit unter Hunden

Ist ein Hund beim Gassigehen in eine Rauferei verwickelt, muss das kein Grund zur Panik sein. Hunde klären Meinungsverschiedenheiten meist schnell und ohne große Verletzungen. Und auch der Mensch kann durch richtiges Verhalten dazu beitragen, dass es erst gar nicht zu gefährlichen Situationen kommt.

Dominant oder aggressiv?

Selbstbewusste Hunde, oft werden sie in der Umgangssprache auch dominante Hunde genannt, sind aggressiv und lassen keine Gelegenheit für eine Rauferei aus, glauben Sie? Eher selten, denn ein wirklich selbstbewusster Hund weiß sich anders Respekt zu verschaffen als mit körperlicher Gewalt. Ihm genügt die entsprechende Körperhaltung, ein Blick oder ein Knurren, um einem Artgenossen deutlich seine Überlegenheit zu demonstrieren.

Der Angstbeißer

Das Wort »Angstbeißer« kommt nicht von ungefähr. Denn oft fangen verunsicherte, eher ängstliche Hunde eine Auseinandersetzung an. Bei ihnen stimmt dann oft etwas nicht mit der Rudelstruktur zu Hause. Ihnen werden Aufgaben aufgebürdet, denen sie nicht gewachsen sind und die sie verunsichern. Weiß Ihr Hund, dass er Sie nicht verteidigen muss, weil Sie dazu sehr wohl selbst in der Lage sind, muss er andere Hunde nicht angreifen. Und weiß Ihr Hund, dass kritische Situationen von seinem Rudelchef gelöst werden, muss er auch nicht auf aggressive Artgenossen reagieren. Denn es ist nicht seine Aufgabe, sondern die des Chefs – also Ihre. Und wenn Sie beschließen, ohne mit der Wimper zu zucken

an einem anderen Hund vorbeizugehen, dann wird das gemacht. Klar, dass Ihr Vierbeiner in so einer Situation natürlich auch eine Info von Ihnen haben möchte.

Lösung: Ein rechtzeitig und verbindlich ausgesprochenes »Fuß!« ist eine klare und unmissverständliche Ansage. Je sicherer Sie sind, desto sicherer ist Ihr Hund.

Begegnung an der Leine

Begegnen Sie mit Ihrem angeleinten Hund einem anderen, der auch angeleint ist, lassen Sie die Hunde sich nicht beschnuppern oder sonst Kontakt aufnehmen. Denn an der Leine können sich Hunde nicht natürlich verhalten. Sie haben ihren Menschen hinter sich. Die einen sehen in ihm die Rückendeckung (Rudelchef), andere glauben ihn verteidigen zu müssen (falsche Rangfolge). Kommt es an der Leine zum Streit, kann der Unterlegene sich nicht zurückziehen und gehen. Was den Überlegenen weiter provoziert. Sollen sich die Hunde kennenlernen, verabreden Sie sich mit dem anderen Hundehalter wenn möglich auf neutralem und sicherem

Nimmt jeder Hundeführer sein Tier links zu sich ins »Fuß!« und geht zügig weiter, gibt es kein Problem.

Gelände und lassen die Hunde von der Leine. Ist das nicht möglich, gehen Sie zügig und selbstbewusst vorbei.

Lösung 1: Achten Sie darauf, dass beide Hunde außen gehen und durch die Menschen getrennt sind. Ihren Hund führen Sie im »Fuß!«.

Lösung 2: Sie können Ihrem Hund auch ein »Sitz!« oder ein »Platz!« geben. Die Ausführung fällt ihm leichter, wenn er mit dem Rücken zum Artgenossen sitzt und beide keinen Augenkontakt haben. Sorgen Sie für ausreichend Abstand.

Lösung 3: Sagen Sie frühzeitig »Bei mir!«, lenken Sie Ihren Hund mit Spiel und Leckerlis vom anderen ab und gehen dabei zügig vorbei. Bellt oder knurrt Ihr Hund bereits, versuchen Sie trotzdem, ihn mit Spielzeug oder Leckerlis abzulenken. Können Sie den Hund auf sich konzentrieren, ist das ein großer Erfolg und Sie können Ihren Vierbeiner ausgiebig belohnen.

Tipp: Bleiben Sie nicht stehen, lassen den Hund bellen und sagen: »Ist doch alles fein.« Denn das fasst Ihr Hund nur als Bestätigung seines Verhaltens auf. Je weniger Aufsehen, desto entspannter verläuft die Situation. Und zu Raufereien an der Leine lassen Sie es gar nicht kommen.

einen Kreis und feuern noch an. Werden die Streithähne voneinander ablassen? Bei dem Publikum? Sicher nicht. Ähnlich ist es mit Hunden. Zeigt niemand Interesse am Gerangel, ist es oft schnell wieder vorbei. Meist ist es auch nicht so ernst wie wir es empfinden.

Lösung 2: Ist das Leben eines Hundes in Gefahr, müssen Sie überlegt und ruhig reagieren, auch wenn das schwerfällt. Am besten gemeinsam mit dem anderen Hundehalter. Schreien Sie nicht und

Hunde genießen das wilde ausgelassene Spiel mit Artgenossen. Haben Sie trotzdem ein Auge auf die Bande.

Raufbolde und Rüpel

Spielen Hunde ausgelassen miteinander, dann kann es schon einmal heftig werden. Zu ernsten Raufereien kommt es jedoch selten, wenn sich die Kontrahenten natürlich verhalten dürfen und dies auch gelernt haben. Sollte Ihr Hund beim Gassigehen doch einmal in eine Rauferei verwickelt werden, dann ist das noch kein Grund zur Panik. Oft sind Meinungsverschiedenheiten schnell und ohne große Verletzungen geklärt.

Lösung 1: Am besten Sie und der andere Hundehalter drehen sich um und laufen weg. Rufen Sie dabei ganz ruhig »Hier!« nach Ihrem Hund. Stellen Sie sich einen Pausenhof vor, zwei Jungs rangeln. Andere Schüler kommen hinzu, bilden

machen Sie keine hektischen Bewegungen. Das heizt nur an. Vielleicht ist Wasser zum Darüberschütten in der Nähe oder Sie können einen Gegenstand zwischen die Hunde bringen. Sind die Kontrahenten getrennt oder haben voneinander abgelassen, bringen Sie sie auf Abstand, leinen sie an und gehen mit »Fuß!« weg.

Tipp: Greifen Sie nie mit den Händen dazwischen. Das Verletzungsrisiko ist viel zu hoch. Ziehen Sie auch nicht an einem Hund. Hat der nämlich gerade das Ohr des anderen Hundes im Maul, dann kann er es ihm dadurch abreißen. Halten Sie keinen Hund am Halsband fest, ist ein Hund in seiner Bewegungsfreiheit eingeschränkt, wird er umso aggressiver.

Machen Sie sich das Leben leichter

Mithilfe der 11 Kommandos sagen Sie Ihrem Hund jederzeit konsequent und freundlich, was Sie von ihm erwarten. Aber es wird auch Tage geben, an denen Sie nicht sehr geduldig und belastbar sind, vielleicht weil beruflicher oder privater Stress Sie plagt. An solchen Tagen wollen Sie nicht auch noch mit Ihrem Vierbeiner diskutieren. Dann dürfen Sie ein Problem durchaus einfach einmal beiseite schieben. Das heißt nicht, dass Sie es verdrängen. Aber Sie lösen das Problem nicht sofort, sondern warten, bis Sie sich wieder in der Lage dazu fühlen. Und so geht's:

1 Problem erkannt. Problem gebannt. Ersparen Sie sich im Alltag mit dem Vierbeiner Ärger, indem Sie Konflikte erst gar nicht aufkommen lassen. Gehen Sie kritischen Situationen, wann immer das möglich ist, ganz einfach aus dem Weg.

Kommt Ihnen zum Beispiel der vierbeinige Intimfeind Ihres Hundes samt Herrchen entgegen, dann ist es entspannter, Sie wechseln die Straßenseite oder gehen ein Stück vom Weg ab, auch wenn Ihr Hund das Kommando »Fuß!« beherrscht.

Sehen Sie am Waldrand ein Reh, wenden Sie ab, bevor Ihr Hund es überhaupt bemerkt. Das »Hier!« heben Sie sich für ein andermal auf. Provozieren Sie keine Risiken.

2 Mahlzeit! Egal, ob Sie Ihren vierbeinigen Freund ein- oder zweimal am Tag füttern: Sie müssen sich nicht an feste Zeiten halten. Ganz im Gegenteil. Ihr Hund neigt sonst dazu, sein Futter pünktlich einzufordern. Aber weder sind Sie sein Diener, der pünktlich das Essen auftischt, noch wird Ihr Hund dann am Hungertuch nagen. Wird er quengelig, reicht oft schon ein »Leg dich!« aus und er weiß, dass es noch ein wenig dauern wird. Ansonsten sind »Nein!« oder »Platz!« eindeutige Kommandos, die ihm seine Grenzen weisen und ihn an die Regeln erinnern, die Sie aufgestellt haben.

3 Ein Leben ohne Hund: Loriot hat gesagt: »Ein Leben ohne Mops ist möglich, aber sinnlos.« Wunderbar! Auch Ihr Leben ist ohne einen Hund sicher kaum denkbar. Aber es gibt Momente, da muss er nicht dabei sein. Sie gehen ins Restaurant, planen einen Kinoabend oder wollen mit Freunden ins Theater? Ist Ihr Hund gut erzogen, wartet er mit »Leg dich!« geduldig zu Hause oder im Auto. Natürlich lassen Sie Ihren Hund nicht viele Stunden lang allein und selbstverständlich ist es in Ihrem Auto weder zu heiß noch zu kalt, während er darin liegt. Sind aber seine Grundbedürfnisse gedeckt, dürfen Sie auch ohne Vierbeiner auf Achse gehen.

Sie können auch einfach einmal die Zimmertür hinter sich schließen und Ihren Hund auf einen Raum begrenzen. Sie müssen kein schlechtes Gewissen haben. Geben Sie Ihrem Liebling in solchen Situationen aber immer nur offene Kommandos. Denn er darf natürlich sitzen, liegen oder stehen, während er auf Sie wartet.

4 Das hilft Ihnen weiter: Genau so, wie Sie die 11 Kommandos bewusst verwenden, können Sie auch verschiedene Hilfsmittel nutzen, die Ihnen und Ihrem Hund das Leben leichter und schöner machen. Im Fachhandel finden Sie eine große Auswahl an Hilfsmitteln, ob für den Spaß oder die Sicherheit.

Beschäftigungsspielzeug gibt es in vielen Varianten, ob Futterdummys für das Training, Futterbälle zur Selbstbeschäftigung, Intelligenzspielzeuge und noch viel mehr.

Sie haben eine Grünfläche am Haus, aber keinen Gartenzaun? Kein Problem. Es gibt leicht aufbaubare Zaunsysteme, die sich für einen kleinen Freilauf unter Aufsicht ebenso wie für die Campingreise eignen, zum Beispiel Geflügelzäune aus engmaschigen Netzen und Kunststoffpfosten oder Gehege für Kleintiere aus zusammensteckbaren Gitterelementen. Passen Sie die Höhe des Zauns der Springfreudigkeit und die Stabilität der Ausbruchsfreudigkeit Ihres Hundes an.

Eine Hundebox sollte in keinem Auto fehlen, so groß, dass der Vierbeiner darin bequem stehen und liegen kann.

Ein Abstandhalter für den Kofferraumdeckel tut gute Dienste, damit ist das Auto belüftet, ist aber trotzdem gesichert.

Es gibt Bodenhaken zur kurzfristigen Befestigung der Leine, nützlich auf dem eigenen Grundstück oder bei einem Ausflug.

Ein Absperrgitter ist praktisch. Zur Sicherheit des Hundes können Sie es an Treppenauf- oder -abgängen befestigen. Nutzen Sie es an der Terrassen- oder einer Zimmertür, um den Hund zu begrenzen, wenn er nicht überall herumlaufen soll – auch kurzzeitig.

Was für ein schöner Tag. Der gemeinsame Ausflug verläuft ruhig und entspannt. Damit Frauchen in aller Ruhe lesen kann, ist die Leine des Vierbeiners an einem Bodenhaken gesichert.

MIT 11 KOMMANDOS
SIND SIE GUT GERÜSTET

Sie und Ihr Hund haben fleißig gearbeitet und viel gelernt. Bravo! Mit den 11 Kommandos sind Sie beide bestens gerüstet für die großen und kleinen Abenteuer des Alltags. Sie wissen, wie wichtig es für einen souveränen Rudelführer ist, freundlich und geduldig, aber auch stets konsequent zu sein. Sie kennen und erkennen jetzt die vielen Tücken, die Ihnen ein konsequentes Verhalten erschweren. Gerade deshalb geben Sie eindeutige Kommandos und ermöglichen Ihrem Vierbeiner die richtige Ausführung. Er befolgt freudig die 11 Kommandos und ist ein zuverlässiger Begleiter, vor allem, weil Sie auch weiterhin mit ihm trainieren. Aber kein noch so gutes

Training kann verhindern, dass immer wieder einmal Fehler passieren. Sie unterlaufen Mensch wie Hund. Es werden auch immer wieder einmal Probleme auftreten. Alles andere wäre nicht normal. Gehen Sie Ihnen nicht aus dem Weg. Versuchen Sie sofort zu reagieren und Fehler zu korrigieren. Fehler lassen sich beheben und Probleme lassen sich lösen. Vertrauen Sie Ihrem Können und vertrauen Sie Ihrem Hund.

Mit den 11 Kommandos bewältigen Sie aber nicht nur Ihren Alltag leichter und entspannter. Sie besitzen mit ihnen auch eine Grundlage, um zusammen mit Ihrem Vierbeiner weiterzuarbeiten und Neues zu lernen.

Mehr daraus machen

Sie und Ihr Hund arbeiten gerne zusammen? Dann können Sie selbstverständlich weitere Kommandos verwenden. Egal, ob von Freunden empfohlen oder anderswo gelernt, übernehmen Sie Kommandos nicht, ohne selbst ein wenig über sie nachgedacht zu haben. Sie wissen ja, worauf es ankommt und welche Fragen Sie sich stellen: Kann ich das Kommando im Alltag konsequent umsetzen? Ist es ein offenes, ein geschlossenes oder ein Regelkommando? Verwenden Sie auch Ihre neuen Kommandos immer konsequent und eindeutig, dann führt Ihr Hund sie gerne aus. Sie haben Lust auf noch mehr Spiel und Spaß? Dann bringen Sie Ihrem Hund kleine Kunststücke bei. Gute Bücher, die Ihnen weiterhelfen, gibt es reichlich. Und Ihr Vierbeiner wird freudig mitarbeiten, wenn Sie ihn weiterhin mit viel Lob, Spiel und Leckerlis belohnen.

Mit anderen lernen

Sie können aber auch in eine Hundeschule gehen oder einem Verein beitreten, um gemeinsam mit anderen Mensch-Hund-Teams zu lernen. Warum

Konzentration und Gehorsam sind beim Agility ebenso wichtig wie Kondition, Ausdauer und Elan.

melden Sie sich nicht für einen Kurs an, dessen Ziel die Begleithundeprüfung ist? Sie haben die besten Voraussetzungen dazu. Oder schnuppern Sie in den Hundesport. Egal, wofür Sie sich entscheiden, wichtig ist, dass Sie und Ihr Vierbeiner ein Hundeleben lang gemeinsam aktiv bleiben und viel Freude miteinander haben.

Eine gute Hundeschule finden

Sind Sie einmal mit einem ernsten Problem konfrontiert, das Sie selbst nicht in den Griff bekommen, wenden Sie sich möglichst schnell an einen Hundetrainer. Es wird immer wieder vor den schwarzen Schafen in der Branche gewarnt. Ja, es gibt sie. Es gibt aber viele gute Trainer, die Ihnen helfen können, Ihr Problem zu lösen. So erkennen Sie eine gute Hundeschule:

Das Vorgespräch: Vor dem Training findet ein ausführliches Gespräch statt, in dem Sie nach dem Impfnachweis Ihres Hundes sowie einer Tierhalterhaftpflicht gefragt werden. Der Trainer erkundigt sich genau nach Ihren Wünschen und Problemen und nimmt diese ernst.

Das Miteinander: Der Umgangston am Platz ist freundlich zu Mensch und Hund. Die Hunde dürfen nicht unbeaufsichtigt alleine spielen. Und in der Welpengruppe wird besonders auf die Tiere geachtet. Es wird ausschließlich mit Lob, Spiel und Leckerli gearbeitet. Gewalt in jeder Form wird abgelehnt. Die Freude am gemeinsamen Arbeiten soll im Vordergrund stehen.

Die Qualifikation: Der Trainer ist gut ausgebildet und besucht Seminare zur Weiterbildung. Lassen Sie sich nicht von ominösen Titeln täuschen. Machen Sie sich selbst ein Bild und vereinbaren Sie zunächst Schnupperstunden. In einer Hundeschule lernen Sie auch viele Gleichgesinnte kennen. Menschen, die ebenso viel Freude mit ihrem Tier haben wie Sie. Und die dieselben Fragen oder Probleme haben. Sie und Ihr Hund werden Freunde finden.

REGISTER

Halbfette Seitenzahlen verweisen auf Fotos.

ADRESSEN UND LITERATUR

VERBÄNDE / VEREINE

Fédération Cynologique Internationale (FCI), Place Albert 1er, 13, B-6530 Thuin/Belgien, www.fci.be

Verband für das Deutsche Hundewesen e. V. (VDH), Westfalendamm 174, 44141 Dortmund, www.vdh.de

Österreichischer Kynologenverband (ÖKV), Siegfried Marcus-Straße 7, A-2362 Biedermanns-dorf, www.oekv.at

Schweizerische Kynologische Gesellschaft (SKG/ SCS), Brunnmattstrasse 24, CH-3007 Bern, www.skg.ch

Deutscher Tierschutzbund e. V., Baumschulallee 15, 53115 Bonn, www.tierschutzbund.de

Österreichischer Tierschutzverein, Berlagasse 36, A-1210 Wien, www.tierschutzverein.at

Schweizer Tierschutz (STS), Dornacherstr. 101, CH-4008 Basel, www.tierschutz.com

Deutscher Hundesportverband e. V., Ennertsweg 51, 58675 Hemer, www.dhv-hundesport.de

Bundestierärztekammer e. V., Französische Straße 53, 10117 Berlin, www.bundestieraerztekammer.de

BPT-Bundesverband praktizierender Tierärzte e. V., www.smile-tierliebe.de
Über das Online-Tierärzteverzeichnis des BPT finden Sie Tierärzte in Ihrer Nähe.

Fragen zur Haltung beantworten

Ihr Zoofachhändler und der Zentralverband Zoologischer Fachbetriebe Deutschlands e. V. (ZZF), Tel.: 06 11/44 75 53 32 (nur telefonische Auskunft möglich: Mo 12–16 Uhr, Do 8–12 Uhr), www.zzf.de

HUNDE IM INTERNET

www.hundescheune.de Homepage der Autorin und Hundetrainerin Tina Horn

www.hunde.com Infos rund um den Hund, Diskussionsforum

www.hundeadressen.de Infos zu Sport, Erziehung und Ausbildung, Züchteradressen

www.spass-mit-hund.de Viele Ideen rund um Spiele und Beschäftigung mit dem Hund

www.ferien-mit-hund.de Viele Adressen von Hotels, Ferienhäusern und Ferienwohnungen für den Urlaub mit Hund

www.aktiv-mit-hund.de Infos rund um die Erziehung des Hundes

www.tierer.uzh.ch Infos rund um die Ernährung von Tieren

REGISTRIERUNG VON HUNDEN

Wer seinen Hund vor Tierfängern und dem Tod im Versuchslabor schützen will, kann ihn hier registrieren lassen.

Deutsches Haustierregister,
Deutscher Tierschutzbund e.V. ,
Baumschulallee 15, 53115 Bonn,
www.registrier-dein-tier.de

TASSO e. V., Abt. Haustierzentralregister,
65784 Hattersheim, Tel. 061 90/93 73 00,
www.tasso.net, E-Mail: info@tasso.net

Internationale Zentrale Tierregistrierung (IFTA),
Nördliche Ringstr. 10, 91126 Schwabach,
Tel. 00 800/ 43 82 00 00 (kostenlos),
www.tierregistrierung.de

KRANKENVERSICHERUNG

AGILA Haustierversicherung AG, Breite Str. 6–8,
30159 Hannover, www.agila.de

Allianz, Königinstraße 28, 80802 München,
www.katzeundhund.allianz.de

Uelzener Versicherungen, PF 2163,
29511 Uelzen, www.uelzener.de

Fast alle Versicherungen bieten auch Haftpflichtversicherungen für Hunde an. Informieren Sie sich bei Ihrer Versicherung.

BÜCHER, DIE WEITERHELFEN

Bloch, Günther/Radinger, Elli H.: **Wölfisch für Hundehalter. Von Alpha, Dominanz und anderen populären Irrtümern.** Franckh-Kosmos Verlag

Feddersen-Petersen, Dorit: **Ausdrucksverhalten beim Hund.** Franckh-Kosmos Verlag

Feddersen-Petersen, Dorit: **Hundepsychologie, Sozialverhalten und Wesen.** Franckh-Kosmos Verlag

Hegewald-Kawich, Horst: **Hunderassen von A bis Z.** Gräfe und Unzer Verlag

Kübler, Heidi: **Quickfinder Hundekrankheiten.** Gräfe und Unzer Verlag

Ludwig, Gerd: **Das große Praxishandbuch Hunde.** Gräfe und Unzer Verlag

McConnell, Patricia: **Das andere Ende der Leine.** Kynos Verlag

Müller-Riedlinger, Susanne: **Kleine Hunde.** Gräfe und Unzer Verlag

Simpson, Jeff: **Hunde-Cookies. Backen für Hunde.** Gräfe und Unzer Verlag

Wegler, Monika/Ludwig, Gerd: **Typisch Hund.** Gräfe und Unzer Verlag

ZEITSCHRIFTEN

Agility Live. Sammet Media GmbH, Baden-Baden

Der Hund. Deutscher Bauernverlag GmbH, Berlin

Dogs. Gruner + Jahr, Hamburg

Partner Hund. Gong Verlag, Ismaning

Unser Rassehund. Hrsg. Verband für das Deutsche Hundewesen e. V., Dortmund

Tina Horn (links) mit fünf Vertretern ihrer Hundebande und Daniela Jelinek (rechts) mit ihren lebhaften Jackies.

Die Autorinnen

Tina Horn leitet seit 1999 in Großhabersdorf ihre Hundeschule »Hundescheune«. Sie gibt täglich Unterricht und regelmäßig Seminare zu speziellen Themen wie Beuteverhalten, Agility und Clicker-Training. Darüber hinaus bietet sie individuelle Beratung und hilft Mensch und Hund bei Problemen in deren Zuhause. Tina Horn kann nicht nur eine langjährige Erfahrung in der Hundeausbildung vorweisen, sondern hat auch diverse Ausbildungsscheine erworben. Sie bildet sich regelmäßig in Seminaren und bei Trainer-Kollegen weiter. Ihre wichtigste Lehrerin war jedoch ihre Hündin Jacky. Durch sie hat sie gelernt, Probleme aus der Sicht des Hundes zu verstehen und zu lösen. Zu Tina Horns Rudel gehören mittlerweile sechs Hunde. Ihre große Leidenschaft gilt dem Agility. Sie, ihr Mann und ihre Tochter starten regelmäßig und überaus erfolgreich bei Turnieren.

Daniela Jelinek ist seit über zehn Jahren erfolgreich als freie Redakteurin in Neuendettelsau für verschiedene Verlage tätig. Neben ihrer Arbeit hat sie sich immer wieder ehrenamtlich für Tierschutzprojekte engagiert.
Die Erfahrungen, die sie hierbei machen durfte, haben sie 2007 zu ihrer Entscheidung veranlasst, sich für die Erziehung ihrer beiden Jack-Russell-Terrier-Welpen von Beginn an professionelle Anleitung zu suchen. Sie ging mit ihrem äußerst lebhaften Zwillingspärchen zu Tina Horn in die Hundeschule und lernte dort die 11 Kommandos kennen. Diese einfache, aber konsequente Erziehungsmethode hat Daniela Jelinek sofort überzeugt. Sie und ihre Hunde sind ein wunderbares Mensch-Hund-Team geworden. Die drei haben erfolgreich die Begleithundeprüfung abgelegt und trainieren seit einigen Jahren regelmäßig und begeistert Agility.

Die werden Sie auch lieben.

WAS HUNDE WIRKLICH WOLLEN

DR. RONALD LINDNER

ISBN 978-3-8338-1878-3

ANNE KRÜGER

Besser kommunizieren mit dem Hund

Die HarmoniLogie Methode der Schäferin aus Funk und Fernsehen

ISBN 978-3-8338-1367-2

Anne Krügers Tricktraining für jeden Hund

So kommen Sie in echten Kontakt mit Ihrem Hund nach der HarmoniLogie® Methode

ISBN 978-3-8338-2293-3

ANJA MACK | KIRSTEN WOLF

Dog Coaching

Schritt für Schritt zum souveränen Hund

ISBN 978-3-8338-2180-6

MARION GROTE

TIER *aktiv*

Dummytraining

Beschäftigung für jeden Hund

ISBN 978-3-8338-2408-1

GU TIERRATGEBER

Ein Hund für die ganze Familie

Plus GU-Leser SERVICE

ISBN 978-3-8338-2406-7

www.gu.de: Blättern Sie in unseren Büchern, entdecken Sie wertvolle Hintergrundinformationen sowie unsere Neuerscheinungen.

Willkommen im Leben.

BILDNACHWEIS

Alle Bilder in diesem Buch stammen von Christina Heining mit Ausnahme von:
Cover: Mauritius Images;
Animal photograph.com:
2–3; **Getty Images:** U4;
Juniors Bildarchiv: 11;
Premium: 7; 8–9, 102;
Tierfotoagentur: 5, 36, 43;
Waldhäusl: 40; Zoonar: 24, 51
Coverfoto und U4: Jack
Russel Terrier
S. 2–3: Corgie
S. 8–9: Mischling
S. 44–45: Jack Russel Terrier
S. 126–127: Golden Retriever

IMPRESSUM

Projektleitung:
Nadja Harzdorf
Lektorat: Heike Schmidt-Röger
Bildredaktion:
Daniela Daußer, Petra Ender (Cover)
Umschlaggestaltung und Layout: independent Medien-Design, Horst Moser, München
Herstellung:
Anna Bäumner
Satz: Uhl + Massopust, Aalen
Reproduktion:
Longo AG, Bozen
Druck und Bindung:
Printer, Trento
Syndication:
www.jalag-syndication.de

ISBN 978-3-8338-2534-7

1. Auflage 2012

Unsere Garantie

Alle Informationen in diesem Ratgeber sind sorgfältig und gewissenhaft geprüft. Sollte dennoch einmal ein Fehler enthalten sein, schicken Sie uns das Buch mit dem entsprechenden Hinweis an unseren Leserservice zurück. Wir tauschen Ihnen den GU-Ratgeber gegen einen anderen zum gleichen oder ähnlichen Thema um.

Liebe Leserin und lieber Leser,

wir freuen uns, dass Sie sich für ein GU-Buch entschieden haben. Mit Ihrem Kauf setzen Sie auf die Qualität, Kompetenz und Aktualität unserer Ratgeber. Dafür sagen wir Danke! Wir wollen als führender Ratgeberverlag noch besser werden. Daher ist uns Ihre Meinung wichtig. Bitte senden Sie uns Ihre Anregungen, Ihre Kritik oder Ihr Lob zu unseren Büchern. Haben Sie Fragen oder benötigen Sie weiteren Rat zum Thema? Wir freuen uns auf Ihre Nachricht!

Wir sind für Sie da!
Montag - Donnerstag: 8.00 – 18.00 Uhr;
Freitag: 8.00 – 16.00 Uhr
Tel.: 0180 - 5 00 50 54*
Fax: 0180 - 5 01 20 54*
E-Mail:
leserservice@graefe-und-unzer.de

*(0,14 €/Min. aus dem dt. Festnetz/ Mobilfunkpreise maximal 0,42 €/Min.)

P.S.: Wollen Sie noch mehr Aktuelles von GU wissen, dann abonnieren Sie doch unseren kostenlosen GU-Online-Newsletter und/oder unsere kostenlosen Kundenmagazine.

GRÄFE UND UNZER VERLAG
Leserservice | Postfach 86 03 13 | 81630 München

WICHTIGER HINWEIS ZU DIESEM BUCH

Die Haltungsregeln dieses Buches beziehen sich auf gesund und charakterlich einwandfreie Hunde. Es gibt Hunde, die aufgrund mangelhafter Sozialisierung oder schlechter Erfahrungen mit Menschen in ihrem Verhalten auffällig sind und eventuell zum Beißen neigen. Solche Tieren sollten nur von Hundekennern gehalten werden.

GRÄFE UND UNZER

Ein Unternehmen der
GANSKE VERLAGSGRUPPE